2008 年 3 月 18 日，温家宝总理在本书编著者隋晓黑的枣园里与枣农亲切交谈

本书编著者隋晓黑（右）与美国布兰特公司
客人在山东庄枣园

丰产的梨枣园

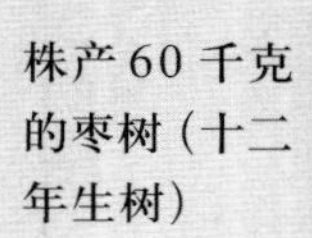

株产60千克的枣树（十二年生树）

全红半红的梨枣

完全红熟的梨枣树（四年生树）

变异梨枣

不结枣的梨枣树树形（立长树）

株产60千克的梨枣树
树形（平结树）

梨枣日灼病

新农村建设致富典型示范丛书

三晋梨枣第一村致富经

——山西省临猗县庙上乡山东庄

编著者
隋晓黑　左双锁　周向民

金盾出版社

内 容 提 要

山西省临猗县庙上乡山东庄村是靠种植梨枣致富，年人均超万元的富裕型小康村、河东大地首富村。本书编写了创业篇、致富篇和前景篇三章，翔实地介绍了山东庄人的创业精神、典型人物、模范事迹，改变落后面貌的好思想、好做法，梨枣栽培、管理的丰富经验，今后扩大生产的规划。本书内容充实可靠，技术可操作性强，文字通俗易懂。能给纯农业、欠发达、宜枣地区以启示和借鉴，可供基层果树技术人员和果农学习参考。

图书在版编目(CIP)数据

三晋梨枣第一村致富经：山西省临猗县庙上乡山东庄/隋晓黑等编著．—北京：金盾出版社，2008.12
(新农村建设致富典型示范丛书)
ISBN 978-7-5082-5424-1

Ⅰ.三…　Ⅱ.隋…　Ⅲ.枣—果树园艺　Ⅳ.S665.1

中国版本图书馆 CIP 数据核字(2008)第 153541 号

金盾出版社出版、总发行
北京太平路 5 号(地铁万寿路站往南)
邮政编码：100036　电话：68214039　83219215
传真：68276683　网址：www.jdcbs.cn
封面印刷：北京精美彩色印刷有限公司
彩页正文：北京蓝迪彩色印务有限公司
装订：北京蓝迪彩色印务有限公司
各地新华书店经销

开本：787×1092 1/32　印张：4.875　彩页：4　字数：106 千字
2008 年 12 月第 1 版第 1 次印刷
印数：1～10 000 册　定价：9.00 元

前　言

在中国共产党第十七次全国代表大会上，胡锦涛总书记振奋人心的报告为十三亿中国人民今后举什么旗、走什么路、以什么样的精神状态去实现什么样的伟大目标，旗帜鲜明地作出了精辟的论述。形成了一整套发展中国特色社会主义的理论体系，是对马克思主义、毛泽东思想、邓小平理论和“三个代表”伟大思想的进一步发展和升华。将对全面建设小康社会，促进国家更加繁荣、更加和谐、更加稳定和又好又快地发展奠定了坚实的理论基础与强大的思想武器，为实现中华民族的伟大复兴迈出了更加坚实的一步。

作为具有十亿农民的中国农村，如何认真贯彻落实党的十七大提出的各项方针、政策和奋斗目标，是当前摆在我们面前的一项光荣而艰巨的政治任务。如何以党的十七大精神为指针，抓住当前党的富民政策这一千载难逢的机遇，更加强化新农村建设的思路，加快新农村建设的步伐，引导亿万农民向更高标准的富裕型小康生活水平迈进，真正实现科技成果让人民群众共享，也是摆在农村基层党组织和广大共产党员面前的一项义不容辞的社会责任和历史使命。

今天，本书向大家推荐的山西省临猗县庙上乡山东庄村，就是一个新农村建设活脱脱的好典型。这个村在党的惠农政策感召下，在村基层党组织和一批乐于奉献的共产党员坚持不懈的追求、探索和引导下，在全体村民持之以恒发扬特别能吃苦、特别能战斗、艰苦奋斗、团结拼搏下，因地制宜，争先发展，把适宜当地栽培的梨枣产业做强做大，经十余年的摸爬滚打，使“临猗梨枣”这一品牌跻身于山西省十大名枣之列，誉满大江南北。硬是把一个穷得叮当响的“逃荒村”，一步一步地推向富裕、文明、和谐的社会主义新农村。人均纯收入由1992年前的不足400元猛增到今天的超万元，成为河东大地单一靠农业致富的典型。

十多年的艰辛创业历程，磨砺了山东庄人，不但涌现出了一批勇于吃苦、乐于奉献的共产党人和先进人物，还积累、总结出极其宝贵的梨枣栽培、管理的丰富经验，都已被许多省内乃至国内知名的红枣专家予以肯定和认可，被推广到全国各地的宜枣地区，带动了这些地区的枣业发展，让一批批枣农尝到了甜头，得到了实惠。

今天我们写这本书，就是要把山东庄人的创业精神，典型人物、模范事迹，改变面貌的好思路、好做法以及梨枣生产过程中总结出的不可多得的宝贵经验，全面详尽地系统地介绍给读者，给人们以启示和借鉴。并希望能对纯农业、欠发达地区尽快脱贫致富，加快新农村建设步伐，实现党的十七大提出的发展中国特色社会主义的宏伟目标，早日迈进富裕、文明、和谐的小康社会起到积极的促推作用。这是我们编写这本书的初衷，也是我们最终的目的。

由于时间仓促，水平有限，书中疏误在所难免，恳请广大读者不吝指正。

编 著 者

2008年3月于山西临猗

目 录

第一章 创业篇

一、沧桑巨变

山东庄原本无庄。1918年山东省潍坊大地连遭荒旱，昌邑县境内有隋、李、邵三姓农民不甘灾荒之苦，携家带口，背井离乡，一行老少48人逃难来到山西省临猗县庙上乡的涑水河畔，在当地人废弃的盐碱地上，搭起了茅棚，架起了简易锅灶，靠讨要的饭菜和煮野菜度日，扎下了根，从此繁衍生息。

年轻力壮的人靠给人家打长工、打短工生活，老幼妇孺则靠垦荒种地维持生计。“地垆水碱黄河远，涑水河无水底朝天；浅井越浇越减产，欲打深井苦无钱；祖祖辈辈种粮棉，致富好比登天难；年复一年洒血汗，收入难上数百元。”这是对山东庄人当时生存环境的真实写照。党的十一届三中全会后，农村虽然分田到户，实行了土地承包责任制，但因土壤、水利条件太差，生存环境依旧，粮棉虽有增产但幅度却并不大，群众收入增长缓慢，连年人均收入难以突破400元大关。村里干部也曾试图办工厂、搞企业，找遍地下、地上又无资源可利用，有些不甘疾苦的青壮年农民在农闲时外出打工补贴家用，但那只是季节性的，绝非长久之计。折腾上一年，村民们依然在贫困线上挣扎着。

直到1992年当地人发现，山东庄这片盐碱地最适宜栽植枣树。这一消息被当时在本县城建局任市政股长的隋晓黑发现后便一发而不可收。他凭借着共产党人为民谋利的一颗赤诚之心，不惜牺牲自己礼拜天、节假日，走家串户，启发动员，鼓动乡亲栽梨枣。从此山东庄这个120余户、600多口人的小村沸腾了、热闹了。当年挖酸枣苗植入大田约333 500平方米（约500亩）培植砧木，第二年从村里原有的35棵庭院大梨枣树上采集接穗搞嫁接，1995年人均收入就破天荒地突破千元大关。到1996年，全村113.3公顷（1 700亩）土地，就有80多公顷（1 200多亩）栽成梨枣，其余26.7多公顷（400多亩）育成枣苗。这一年卖鲜枣、售枣苗，卖接穗，加之外出给人搞嫁接挣劳务费，人均收入突破了5 000元大关。随后十多年，一年一个样，一步一层天，现在全村113.3公顷土地全部成了郁郁葱葱的丰产枣园，每年人均收入都在万元以上。富裕起来的山东庄人，思谋着富裕之后如何进一步改善生产、生活条件，如何落实中央精神，把新农村建设搞好，向更高的小康标准迈进。你看：今日的山东庄处处灿烂。"三晋梨枣第一村"、"山西手机第一村"、"产业调整第一村"、"人寿保险第一村"、"河东大地首富村"这一个个"第一村"的奖牌匾额连接起来的耀眼光环，把昔日山东庄贫穷落后的影子驱赶得无影无踪。取而代之的是一连串耀眼夺目的辉煌数字，足以显示出今日山东庄新农村建设的巨大成就和群众生活的美满富裕。

早在1998年本村支委会、村委会（简称支村委）一班人就重教兴村，筹资对村小学进行彻底改造，投资20余万元，在旧校舍上建起了二层教学楼一幢，并重修了围墙、校门，使全村学生拥有了优美的学习环境，为子孙后代的健康成长创造了优越的条件。

后又投资50万元，新增打深水井3眼，平均每居民组1眼，自来水通到各家各户，彻底改变了过去饮用浅井咸水含氟高、影响村民健康的困惑；且增加枣业旱涝保收系数。

投资数十万元，修通贯通东西主巷的柏油路 400 多米，并将全村小巷道部分水泥硬化，解决了村民出村难、行路难的问题。

全村 128 户，户户盖起了新房，二层小楼比比皆是。全村巷道整洁美观，院落错落有致，总造价近 2 000 万元。

全村 600 多口人，有 50%以上人口投了各种保险，保险金每年达 30 多万元，保险额达到 800 万元以上。

全村户户通程控电话，手机更是成年人人手 1 部，被山西省移动公司命名为山西手机第一村。

全村有农用三轮车 100 余辆，双排座、面包车、小轿车 30 多辆，还有冷藏运输车辆数辆，户均车一辆绰绰有余。

全村摩托车、大彩电、冰箱、洗衣机已普及，还有 30 余户家庭装上了空调。

50 多家枣业大户，购置安装了电脑，上网交流供求信息。

仅有 600 多口人的小小山东庄，农行、信用社两个金融部门竟在村里开办了 6 家储蓄服务点。

二、领跑者的足迹之一——人民的好儿子隋晓黑

山东庄这个小村，十余年来由穷到富的沧桑巨变，领跑者功不可没。让我们一起回首，去追寻那领跑者的足迹之一——人民的好儿子隋晓黑。

“临猗梨枣”自 1997 年金秋被评为“山西省十大名枣”而名扬天下，“临猗梨枣”的发源地——临猗县庙上乡山东庄村也一步一层天，成为靠梨枣致富如今已是年人均超万元的富

裕型小康村、河东大地首富村。

而每每与山东庄村民谈论起他们的梨枣创业史，他们便会翘起大拇指，交口称赞隋晓黑是庄子上兴枣富民的头等功臣。透过山东庄的沧桑巨变，笔者看到了一位普通共产党员、国家干部的超人胆略、坚实步伐和不平凡的功绩。更主要的是看到了一个共产党人的无私胸怀和一颗金子般闪光耀眼的爱民之心。对这位德高望重的领跑者，本想给他著书立传，但由于笔者才疏学浅，缺乏作家的博学广识、写作功底，几经试笔也写不成样子，只好用隋晓黑的几句名言作为标题，把他可歌可泣的动人事迹罗列出来奉献给读者，来体现笔者对老隋的崇敬之心。

(一)乡亲贫穷我心不安

20世纪80年代初，党的十一届三中全会拨乱反正，开始医治十年动乱给人民造成的巨大创伤，农村虽然开始分田到户实行土地承包责任制，全国农村形势开始向好的方向发展，但是对山东庄这个20世纪20年代前迁徙而来的逃难村来说，由于土地盐碱瘠薄，水资源极度缺乏，又无任何资源可利用办企业，村民们依然过着贫困煎熬的日子，没有多大的起色和变化，村里院墙低矮，巷道七零八落，茅草房随处可见。除个别在外工作人员的家庭环境稍有改善外，绝大部分村民仍旧在解决温饱线上挣扎。

隋晓黑当时虽是吃皇粮、拿薪水的国家干部，但每逢礼拜天、节假日回村，总能目睹乡亲们"肩挑桶担，平车拉罐，自行车带桶"到周围村找水喝的情景。村里倒有数眼浅井，但水咸、含氟量大，加之20世纪80年代中期在全县"五小工业"兴建之初，无污水处理设施，工业污水全都排入涑水河，使当地地下水源遭受严重污染，已不堪饮用，一喝就拉肚子，有人风趣戏称山东庄的井水比泻药还灵，直接危及村民的身心健康。老隋看在眼里，疼在心头，真好比吞了苍蝇喝了醋，不知心里是啥滋味。

1992年3月的一天，已是县城建局市政股长的隋晓黑，安置好手头工作，回村参加一位老人的葬礼。时任村长李同亮在殡宴上当着十几位乡亲的面将了他一军，提出让晓黑回村带领村民改变家乡落后面貌的要求。看到穷怕了的家乡父老乡亲的期待目光，晓黑的赤子之心忐忑不安起来，眼圈湿润了。当即表示说："我是喝山东庄咸水长大的，这片瘠薄的盐碱地养育过我，看着乡亲贫穷我心不安啊！只要乡亲们信得过我，认为我能行，需要我回来的话，我到机关就给领导打报告，请求辞职。只要上级批准，我便别无选择，将回村和乡亲们一起改变咱村的贫穷落后面貌。"后来虽则上级领导考虑工作需要，未批准他的辞职请求，但改变家乡落后面貌的心愿却愈来愈强烈。

山东庄有他的父母、兄妹，有与他患难与共的父老乡亲，他的根深深地植在这里。从此晓黑就经常思考，假如真的回到村里，即使自己全身是铁，又能打几颗钉子？虽说家乡处于涞水河畔大平原，土地较平坦，但乡亲们编的顺口流也是山东庄不容质疑的现实啊！从何处入手带领乡亲脱贫致富呢？使这位共和国的同龄人、山东庄人民的儿子陷入了苦苦思索。他利用下班时间和星期天，不惜搭赔时间和摩托耗油，屡屡增加了回村次数，走家串户，田间考察，和乡亲们一道探讨脱贫致富的门路。从县城到村往返一趟百余里路，在不到2个月的时间，光油钱就贴进100多元。

在他着手对村里农业种植结构进行调查研究的日子里，

足迹踏遍了每一块土地，意外发现在所有的作物中，惟独枣树长势喜人，枝繁叶茂，果实品质好，产量高。于是，他欣喜若狂，查阅了大量红枣资料，了解到枣树是一种耐干旱、耐瘠薄、抗盐碱、易管理，适宜当地水土栽植的优良树种、铁杆庄稼。枣果又是补血、健胃、滋颜、益肾的滋补佳品，市场前景广阔。可是面对名目繁多、品性各异的枣树品种，是全部引进还是重点发展，晓黑又一次陷入苦思冥想之中。经过大量实地考查对比和相关资料印证，最后他发现村里农家庭院零星栽种的梨枣个大味美，且资料中介绍其为鲜食水果中的珍品。放着现成的优势不去发展，岂不是端着金饭碗四处讨饭吃吗。由此发展梨枣树、兴村富民的思路，在他的脑海里基本形成。

晓黑属牛，已过知天命之年的他，身上依然保持着那种锲而不舍的牛劲。在他的卧室墙壁上挂着这样两副条幅：一条是鲁迅的"横眉冷对千夫指，俯首甘为孺子牛"；另一幅是屈原的"路漫漫其修远兮，吾将上下而求索"。虽然宣纸换了几茬，但条幅的内容始终没变，看来他把这两句名言当作他终生的座佑铭让人深信不疑。

凭着老隋的性格和牛劲，既然认准栽梨枣树能使乡亲们脱贫致富，岂有放过它的道理。于是，他开始迈出了第一步——发动。

脱贫致富的突破口选准后该如何发动大家去实施这一富民工程，他觉得自己是一名在外的国家干部，到村里不挂任何官衔，既无号召力，更无指挥权，光凭给村干部提提建议太慢。但要兴师动众去搞又谈何容易。于是他决定先找些思想解放、敢于创新的志同道合者，小范围地先搞，起点示范作用，然后再在全村推广。

为了使家乡父老早日脱去穷帽、走向富裕，老隋想枣树已想得走火入魔。虽是1992年的末伏季节，但天气依然闷热难耐。老隋不顾一天工作的疲劳，每天下班都骑上摩托车往村里跑，节假日更是死守在村，召集部分党员、干部和思想解放的朋友到家中，讲设想、讲规划、讲效益、讲前景。晓黑痴迷的举动，首先激起德高望重的老支书隋全旺的极大热情，引起刘太原、邵社社、李金福、韩正峰等多位思想解放人士的共鸣，他们与晓黑一道，入农户、到地头苦口婆心地给乡亲们反复讲梨枣能使山东庄快富的前景。硬是凭他掌握的盐碱地最宜发展枣树的第一手资料和数十年在外工作锻炼出来能言善辩的口才，把大伙的心讲热了、劲讲足了，原计划只成立个十多人参加的枣树协会搞个示范带动全村干，没料到一说成立枣树协会竟一呼百应，就有90多户村民报名加入，占到全村总户数的70%，大大出乎老隋开始时的预料，于是他又着手实施兴枣富民工程的第二步——组织。

一石激起千层浪。乡亲们对兴枣致富的兴趣与热情给了隋晓黑极大地鼓舞，他多方征求大伙的意见，亲自起草协会章程，物色枣协骨干。从立意、调查、发动、酝酿到组建，仅用了不足半年时间，1992年8月26日，“山东庄枣树协会”在一片热烈欢腾的气氛中诞生了，这面旗帜破天荒地插在涑水河畔。

老支书隋全旺当选为枣树协会会长，刘太原、邵社社、韩正峰等担任副会长，而老隋本人则被大伙拥戴为名誉会长。面对此情此景，这位血气方刚的山东大汉激动了、振奋了，他眼中噙着盈眶热泪，哽咽着当众讲了几句发自肺腑的心里话：“我是喝山东庄咸水长大的，我是山东庄人民的儿子，我忘不了生活在这片土地上的父老乡亲。乡亲们富裕我高兴，乡亲们贫穷我不安。我要为乡亲们尽快脱贫致富贡献自己的所有力量”。这些话至今仍使山东庄人记忆犹新，荡气回肠。

靠枣致富的目标确定了，枣树协会也成立了，接下来晓黑就紧锣密鼓地实施兴枣富民工程的第三步——运作。

凡事说着容易干着难。由于村里太穷，群众手头又很拮据，虽然有了前两步，但要迈好这第三步，没有资金谈何容易。老隋饱尝过“金钱非万能，没钱万不能”的疾苦，怎样才能找到一种不花钱或少花钱的法子发展枣树呢，老隋和枣协一班人陷入了深深的沉思。还是人多智广，在广泛征求各阶层人士意见后，大家反复研究、讨论，最后一致确定了如下两条思路。

一是定目标。凡参加协会的户，一人一亩(667 平方米)枣粮间作田，每 667 平方米栽酸枣苗 500 株培育砧木，翌年开春自己嫁接，力争 1995 年底人均增收 1 000 元，达到小康水平。

二是定办法。在村里庭院中原有的 35 棵大梨枣树上采集接穗；协会会员筹集资金到外地购买优种接穗，自己回来搞嫁接再培育接穗。

经过实践检验，他们的做法成功了。这两条思路后来成为全县乃至全运城市范围推广的枣粮间作山东庄模式。

历经 1992 年、1993 年冬、春的苦干，终于得到事如所愿的回报。1995 年金秋收获季节，山东庄人首次甩掉贫困帽子，人均收入突破千元大关，乡亲们脸上堆满了笑容。103 户尝到红枣带来甜头的乡亲们，联名给老隋送了一块金光闪闪的大匾，上款是“赠兴枣富民发起者隋晓黑同志”，中间是“人民的好儿子”六个镀金大字，这无疑是人民对这位上下求索、锲而不舍的孺子牛的最好奖赏。

(二)个人得失何所惜

今日，山东庄人苦尽甘来，走进山东庄映入眼帘的是一派欣欣向荣的景象，大街小巷全部硬化，路平灯明花木葱笼，二层小楼式样别致，室内装璜不亚城市，出门入户摩托小车，家用电器一应俱全，电脑上网信息便捷，餐桌丰盛好似过年。富裕了的山东庄人一天到晚总是乐呵呵的合不拢嘴。有形资产有目共睹，而储蓄存款就不好琢磨了。据有人透露，家家户户存个十万八万的不稀罕，存三十、五十万甚至上百万的户也不在少数。仅有 600 多口人的山东庄，农行和信用社就在村开办了 6 家储蓄服务站，其存款额可想而知。

然而，当初为让乡亲们早发枣财，晓黑却付出了很多很多，为使乡亲早日富裕起来，他干了许多贴钱赔本的事却从来在所不惜。

兴枣伊始，为激发大伙的积极性，在不影响局里正常工作的前提下，利用晚上时间编写《枣树的栽培与嫁接》技术资料，自掏腰包打印成册，分发给枣协会员学习。

协会刚成立是白手起家，晓黑带头捐款筹资 3 000 多元作为起步经费，亲自领人上太原、下河南、赴稷山、过陕西，行程数千公里，引回 20 多种优种红枣接穗 5 000 多条，分发给枣协会员，用于大树换头为大田培育接穗。

为使初试牛刀的门外汉变为务枣的行家里手，他自费为枣农编写印刷时令性梨枣管理系列技术资料 10 多期，不下 5 万多字，发给枣农“充电”。如今山东庄已是人人会管理、个个会嫁接，且嫁接成活率高达 98% 以上。村里 30 多名青壮年还考取了中级以上农民技术职称。

为给乡亲们务枣提供科学、真实的图片资料，不惜花费数千元买回数码相机和彩卷，学习摄影技术。十多年来先后拍摄了几十卷胶卷，自费洗装像册留下宝贵的难得资料。

为买一本《枣树增值实用技术》，他跑遍运城、侯马两市所有书店都没买到，后听说此书系太原出版社出版，就自掏腰包100元汇了过去，直接从出版社邮购回33本，无偿赠给枣协骨干会员。

为了使乡亲增收，他不惜贴进2 000多元，四处联系酸枣接大枣活源。由于他经常奔波不沾家，所有家务活全由妻子朱秋爱一人承担。

几年来，他的妻子光为来县城找他谈枣树话题的人做饭不下二、三百顿。别说来客还得添菜加酒，就按家常便饭每人每顿也得3～5元，最低也得贴进1 000多元。但老隋从不吝啬，还是那样热情好客，从不让来客到外面去吃饭。

老隋家里有3 335平方米(5亩)枣树，每年少说也能收入万把元。但2000年以前，他的枣园里产的枣果几乎就没有卖过钱，其原因是每年来村参观枣树的不下数千人，一茬茬、一拨拨都是他领着参观介绍，他总是有言在先“到别人园只许看不许吃，到我家枣园就可放开品尝。”就这样他家枣园的枣果让每年的参观者给品尝光了。

几年来，隋晓黑把有限的业余时间、大量的资金和无数的心血、精力都倾注到家乡的枣业发展上、乡亲富裕上。可他吃的苦、受的累、流的汗、跑的腿，实在无法计算。为了大家，他不顾小家，把家里的所有家务、扶幼养老的责任重担，一股脑地都压在妻子朱秋爱孱弱的肩头，而贤惠善良的妻子从无怨言，一如既往地理解、支持着他的举动，默默地为这个家作着奉献。2007年末，被临猗县委、县政府树立为全县十大孝星之一。而隋晓黑每每为兴枣富村做完一件事时，都认为是自己应该做的，从没想到要索取什么，也从没在协会报销过一分钱。就拿1995年他在河津市为家乡联系了一宗嫁接100万株枣苗的活源，协会按规定应付给他2 000多元的劳务介绍费，可他死活不要。最后实在推辞不过，老隋仅领了 500 元的往返旅差费。

笔者感言老隋的这样一段表白："山东庄由一个贫困落后的穷村，短短几年变为小有名气的富村，是梨枣产业起了决定性作用，我虽干了些力所能及的事，但成绩主要还是靠乡亲们干出来的。现在群众富裕了，山东庄出名了，我虽然还不富裕，但心里感到欣慰、踏实。我认为，一个人如果没有先天下之忧而忧、后天下之乐而乐的无私奉献精神，你的主张再对，群众也不会听你的。如果你不顾眉眼，老想着给自己先捞上一把，那么山东庄也不会有今天，枣树协会也许早已垮台。只有老老实实做人民大众的牛，为他们服务、为他们奉献，他们才会信得过你。这就是我搞枣树以来最深切的体会，也是我多年来所作所为的思想宗旨，更是我今后一如既往的永恒追求。"听听这话，难道不是一名基层共产党员忠诚实践"三个代表"推行科学发展观的时代合弦曲吗？

（三）只要搞枣是朋友

在山东庄村口墙壁上有这样一条大幅标语："不管来人老与幼，只要搞枣是朋友"。这是晓黑自拟的。这条标语让从四面八方来山东庄参观、取经的人们一进村就有一种感动，村民的热情接待更使大家心发热、眼泛潮。

老隋非但把它作为口号写在墙上，而且铭刻心头、付诸行动。发展枣树的十多年间，来村参观的人们数以万计，山东庄人的热情好客，盛情款待，使晓黑他们结交下无数的枣农朋友。

每年的 8～10 月份梨枣成熟季节，也是枣乡最热闹的季节，来村参观者络绎不绝，老隋怕别人讲不好，总是引领着参观队伍，一个点一个点地跑，每到一处他都滔滔不绝地、毫无保留地把务枣真谛向参观者详尽介绍，往往是讲得喉咙起火、嗓门沙哑才无奈退下阵来让别人代劳。

1997 年 8 月，正值参观旺季，老隋却患眼疾刚作了手术在家休养。他心急如火地在笔记本上这样写道："人在家中停，心在枣林行，名利皆可抛，难舍梨枣情"。没等眼疾痊愈，就戴上墨镜，走出家门又讲开了，生怕参观者了解得不透彻，耽误了枣农朋友的大事。

2002 年 8～9 月份，来山东庄参观的人高达 6 850 人，大都是从河南、山东、陕西及本省临汾、吕梁、晋东南等山川地区远道而来，为让来者不虚此行，他坚持每天至少要讲一场课。人流高峰期，他竟一天接待过三批参观者，人数超过 700 人，在自家枣田连讲三场课，直到喉咙冒烟，声音嘶哑。他的枣田被踩成打谷场不说，枣也被参观人群品尝得所剩无几。有几位带队领导，看到他们的人给老隋的枣园带来的"灾难"，纷纷掏腰包留钱要给老隋作讲课费用和损失补偿，都被他一一谢绝。他对带队领导说："我要是为了钱，每年至少也不下两三万，早就发财了。我这样做的目的就是想为大家调产做点小贡献，把红枣这个利国富民的产业做强、做大，使更多的人从中受益。只要来村参观、交流的人，我们都会一视同仁，我们的一切服务都是无偿的"。老隋的一席话直感动得参观人群和带队领导啧啧称道："隋老师真是好样的，就凭您这种精神，我们回去也得豁出命干一番"。

老隋不光对来村参观枣树、定购枣苗、收购鲜枣的客人视为朋友、座上宾，为他们全程服务，就是外面发来信涵、打进电话咨询技术，他都有求必应，耐心地一一解答。

2000 年 2 月春寒料峭，洪洞赵城的王五元老汉乘车数百里，辗转来村买梨枣苗，老隋领上王老汉跑了全村几家苗圃，帮助王老汉挑选了13 000株优质纯种梨枣苗，并亲自用塑料布包装好，装上车送上路。这一年，他除了用电话指导其栽植外，还亲自去王老汉家11次，传授栽培管理技术，每次都自掏车费。为让王老汉把梨枣管理的全程技术学到手，随后两年先后又去过十余次登门指导，使王五元老汉感激涕零。

2002年王老汉的梨枣喜获丰收，便专程来山东庄酬谢晓黑，一甩手就是2 000元，说这只是老隋3年来为他奔波指导的盘费，以后还要重谢。晓黑硬是一分钱也没收王老汉的钱，还好吃好喝招待了2天，临走时又从自家树上摘了一袋子优质大梨枣给王老汉带上，直感动得王老汉连声感谢，一句句地直夸老隋真是大大的好人，我这一辈子也忘不了你。老隋的真情实意感动的何止王五元老汉一人。

本县牛杜镇王景村是拥有2 000口人的大村，董夹路（是横穿临猗县东西的公路的简称）穿村而过，是坡下枣粮间作调产较早的村之一，但由于栽后管理经验不足，面积不小、收益不大。一次村支书带上村组干部和部分枣业大户200余人来山东庄取经，老隋领着大家看了村里的部分枣园后又到自家枣园针对一些技术细节作了详细讲解，直到大伙全部弄清搞懂为止。支书见老隋如此耐心的传授技术，心里很过意不去，当场掏出一张百元券表示谢意，晓黑非但执意不收，还当面给支书个“难堪”：“你给钱就太小看伙计了，我到外地指导都是免费的，何况咱们是一步临近，只要你们回去把枣树管好，多结枣、早发枣财，大伙能说上一句“隋晓黑给咱传的是真经，我就心满意足了”。支书听后很是抱歉，临别时双手紧紧握着老隋的手久久不肯松开，邀请隋老师有空常来王景指导。

此后，隋晓黑每逢路过王景村，都被该村枣农口称老师拦住问这问那，拉住吃饭，唠个不停。就连董夹路王景段拓宽改造期间，所有过往车辆绕行都收赞助费，惟独老隋的车或摩托是一路绿灯。如今，王景村的枣粮田在晓黑的指导下，树上收入能抵地面收入的数倍，众口齐夸老隋是他们的“活财神”。

陕北是革命老区，延安人民为全国解放作出了巨大贡献。但由于地理条件差、生存环境恶劣，解放几十年来，老区人民一直摆脱不了“贫困”二字。1998年初，位于延安市东北百余公里的延川县为让老区人民早日过上好日子，县委、县政府决定利用荒山大川资源，调产栽植梨枣，函请隋晓黑去当技术顾问。老隋接到信函后，怀着对老区人民的无限崇敬，简单地收拾了行李，带上有关资料，日夜兼程赶赴延川，他那雷厉风行的作风，深深地感动了延川县委、政府的领导。

一到延川，他不顾旅途劳累，便一头扎入工作，与当地领导及有关部门开始研究、规划、部署枣化荒山大川的计划。正在紧锣密鼓的筹划中，家里打来电话说山东、河南两地来人谈事，事情紧迫，事不宜迟，让火速返回。老隋无奈又踏上返程汽车连夜赶回。

因两头事情都比较特殊，老隋只得拉锯式的两头跑，两地逗留，仅1周时间，就在临猗到延川这条近700公里路途上往返了3次，行程2 000多公里，每次都是带上干粮、水壶，在车上打发时光，简直连吃一顿安稳饭的时间都没有，别说是睡囫囵觉了。老隋为了工作的拼命精神，再次感动了延川县各级领导，他们纷纷表示有朝一日延川人民富裕了一定要重奖老隋这位功臣。老隋却说：“谢谢领导的好意！谢谢老区人民的好意！老区人民在战争年代浴血奋战，为革命的成功、为全国解放作出了巨大贡献，比起他们，我这点辛苦算得了什么？”

如今的延川，山绿了，水清了，川秀了，到处鸟语花香，枣香宜人。老区人民彻底甩掉了贫困帽子，安居乐业，温饱有余。各级还层层建立了协会网络，又兴办起十多家蜜枣加工企业，向深加工要效益，让当地红枣产品走出大山、走出陕北，去赚那花花绿绿的票子，老隋闻知这一喜讯，心中倍感自慰，咱总算没有白辛苦，虽然延川人民还不太富裕，但三进陕北总算对老区人民尽了点微薄之力，给延川这片土地播下了希望。

自他迷上枣树以后，多年一直致力于梨枣等优种的繁育、栽培、管理技术的钻研开发和推广，足迹遍及我市的十多县、市，及我省的临汾、吕梁、长治，河南的灵宝，陕西的潼关、延安，山东的诸城……等诸多地域，行程数万公里，义务为枣农授课千余场，深受四方枣农的欢迎和爱戴，亲切地称他是枣农的贴心专家。2004 年被《山西农民报》（果业专刊）聘为专刊的枣树技术顾问，再一次为老隋提供了施展才华的平台。

（四）志让梨枣放光彩

为使名不见经传的小小山东庄和“临猗梨枣”走出国门，名扬天下，隋晓黑辛勤笔耕，先后撰文数十篇，在《山西日报》、《山西科技报》、《市场经济报》、《山西农民报》、《潍坊日报》、《昌邑市报》、《运城日报》、《果农报》以及后来改版的《山西农民报》（果业专刊）等十多家报刊上发表，并争取到中央七台、山东卫视、陕西电视台、山西电视台、黄河台等新闻媒体的宣传报道，借以宣传其知名度。

为能得到各级领导和国内知名专家的支持和认可，他不失时机地向领导汇报，与专家交流，1997 年山西省副省长王文学一行来村视察，看了山东庄梨枣发展的可喜成就，听了隋晓黑的详细介绍后，当即挥毫题写下“三晋梨枣第一村”七个大字。

在隋晓黑的提议、倡导下，从 1996 年开始连续 3 年由支村委、枣树协会牵头举办金秋赛枣盛会，每年都由老隋亲自出马邀请各级领导、报社、电视台记者和部分知名专家莅临指导。后来改由乡政府连年牵头主办变成梨枣节，吸引了省内外乃至香港、新加坡、法国、新西兰、美国的客商，为山东庄和“临猗梨枣”扬名海内外筑建起良好开端。

1998 年 11 月 4 日，是令山东庄人永难忘怀的大喜日子。这一天他们的好儿子隋晓黑怀着万分兴奋的心情，手捧 101.5 克的“梨枣王”代表山东庄 600 多口人在北京参加了全国“98 农民晚会”，在中央电视台向全国人民展示了“临猗梨枣”的靓丽风彩。面对全国人民，老隋笑了，笑得是那样开心，笑得是那样自豪，笑得是那样的坦荡与甜蜜。从那一刻起，老隋梦寐以求的夙愿终于实现了。山东庄和“临猗梨枣”这两张名片名扬天下成为现实。

随后临猗眉户剧团编演的《酸枣树甜枣树》，陕西电视台拍摄的电视剧《枣树沟》，山东电视台拍摄的新闻纪录片《三晋喜看山东庄》，无不浓缩着山东庄的可喜变迁和山东庄人兴枣富村艰苦奋斗的身影，也处处渗透着隋晓黑的激动泪水和无限喜悦。

(五)人生奉献无止境

山东庄因有隋晓黑而富裕，隋晓黑也因山东庄和“临猗梨枣”而扬名。十多年来，省内外多家报纸和电视新闻媒体都从不同角度报道过他的感人事迹，更加激励起他一心扑在梨枣产业上的热情，他花费了 2 年零 2 个月的时间，把务枣积累的丰富经验和发现的典型编写成《枣农实践 100 例》一书，被金盾出版社出版发行和《山西农民报》果业专刊连载，奉献给全国枣农和枣树爱好者。2006 年 3 月 2 日中央电视台“新闻联播”节目，头条新闻专题报道了隋晓黑给农民写书的新闻。这年 3 月 18 日，温家宝总理来到运城市视察，还亲临山东庄看望了老隋和乡亲们，对梨枣富村这一产业予以充分的肯定和赞赏，引起极大轰动。

十多年来，隋晓黑不仅为家乡面貌巨变付出了很多很多，而且为同类贫困地域的调产脱贫也付出了不少心血。

隋晓黑在长期的梨枣栽培、管理等技术日臻完善成熟后，请他传经送宝的人越来越多，他总是有求必应，全力以赴，尽职尽责。

1998 年，他受聘兼任山东省诸城市 2 个乡的科技副乡长，同年又被日本投资株式会社山东省华夏实业发展中心的中华大枣开发有限公司聘为副总经理兼开发技术导师。对聘用单位，他每年总要在关键时期去指导 2～3 次，每次都不下 20 天，且认真负责一丝不苟。

2001 年又被临汾市洪洞县委、县政府聘为县级发展红枣产业技术顾问，在槐乡大地奔波了整整 3 个年头，为洪洞人民带来不菲的经济效益。农历三月十五日，是老隋的生日，但务弄枣树以来，他的多半生日是在异地他乡度过的。这不，他又在洪洞县龙马乡的枣田里度过第五十二个生日。这天隋晓黑感慨地写了一首小诗自庆：“穿梭广阔田野间，指导栽树几万千，无数枣农交朋友，难道只是为了钱？是烛就得燃烧完，为人诚信才长远，每年大地发绿时，生日只求良心安”。这正是老隋心系枣业、善交枣友的真情道白，也是他高尚情操、优秀人品的真实写照。

“人生在奉献，事业无尽头”。这是隋晓黑常挂在嘴边的一句口头禅，也是他的座佑铭、动力油。山东庄的由穷变富，全国各地群众的奋起效仿，黄河流域宜枣地区一支支靠枣致富的异军突起，都或多或少渗透着老隋的心血和汗水，体现着老隋的执着和艰辛。他总是那样精力充沛、生机勃勃，好像浑身有使不完的劲。他在梨枣管理上的与众不同办法和独特见解，都是来自反复实践的科学总结。也许，正是这句挂在嘴边的话给了他无穷的力量。

由他牵线搭桥，招来浙江义乌市的蜜枣加工企业在山东庄设立分厂，利用成熟梨枣试产炒枣、蜜枣成功，不但个大肉厚，而且色泽透亮，为我县果脯企业以前梨枣不能煮、难制蜜枣的局面开了个好头，增加了枣农增收的一大亮点。

从 2005 年开始，他连续 3 年不惜加大投资，在梨枣生长期每年使用大生 45-M 7～8 遍和增养、补钙等办法，解决了枣农长时间解决不了的红枣遇雨裂果的难题，他管理的梨枣基本达到不裂或少裂，引来枣农纷纷前来参观、效仿。

过去资料一直介绍梨枣个大、肉厚、酥脆、甜蜜，只能鲜食，不宜干制。而老隋偏不信这个邪，2005 年他在家中投资自建烘房将成熟后部分卖不出去的红梨枣试制成干枣，经反复调试烘房内火势、室温、时间等因素，终获成功，此后每年都有干品面市，开创了梨枣也能制干的先河。

近 2 年间，由于部分不法商贩掺杂制假欺骗消费者，个别枣农只顾眼前蝇头小利出售未成熟、无口感的梨枣，搅乱了梨枣市场，影响了梨枣声誉，卖枣难问题日渐突显。目光短浅者刨树毁园大有人在。

而老隋却与众不同，别有一番思路。不但没毁自家枣园，而且还走出去又承包了 13 340 平方米(20 多亩)梨枣，计划在枣业上再大干一番。他的设想有以下几项。

一是继续用科学发展观，攻克梨枣遇雨裂果难题，使原有成果更加巩固和提高。

二是尝试高接更换一批品质更优、成熟期更早的鲜食枣品种，调节供需矛盾，打枣果上市的时间差，提高务枣效益。

三是在目前梨枣短期保鲜的基础上，继续探讨研究开发较长的保鲜期，延长梨枣货架期，拉长产业链，以此来提高枣农的经济效益。

四是走出去招商引项目，利用丰富的梨枣资源，把枣汁加工企业请到当地考察建厂，为当地和周边省、市、县枣农谋取更大利益。

目前，老隋已年迈花甲，但对于红枣产业依然如痴如醉，成了所有结识他的人印象中的“枣树迷”。虽然他对家乡、对黄河流域一带枣业发展的贡献有目共睹、有口皆碑，但他从来不陶醉于现有的成绩。他的抱负还大着呢。正如他在2001年农历三月十五日他52岁生日时所赋诗篇中所说：

光阴似箭情不留，　　还觉年轻已白头，
父母仍在多辛苦，　　不敢停步再加油。
如牛奋斗五二秋，　　许多目标未成就，
贪生再活二十五，　　干点实事再罢休！

三、领跑者的足迹之二——枣协骨干展风采

在河东大地涑水河畔临猗县境内中段的平川地带，栖居着一个仅有120户、不足600口清一色山东人的小村庄，他们言谈举止仍未脱掉老家那满口浓浓乡音，呈现着憨厚与豪爽。村周围的113.3公顷盐碱地处处满是以“临猗梨枣”为主栽品种郁郁葱葱的各类枣树，各种枣果挂满枝头。这便是近年来

远近闻名的“梨枣之乡”山东庄。

自1992年秋，在隋晓黑的倡导、鼓动下栽植梨枣富民工程启动时，支村委一班人便牵头于同年8月成立了“山东庄枣树协会”。曾任20多年村党支部书记的隋全旺老汉被大伙推选为枣协会长，邵社社、刘太原、韩正峰、隋建国等几位思想解放的枣树爱好者选为副会长，精明心细、肯钻研的毕群、李金福当上了协会的技术员，而当初倡导、鼓动大家种梨枣的隋晓黑被大家一致拥戴为名誉会长。“山东庄枣树协会”的成立，把临猗坡下地区首家由农民自发成立的农村经济合作组织的旗帜插在了涑水河畔。

他们在短短的3～5年内，靠智慧和科技、勤劳和汗水摆脱了贫困，一步步迈向富裕的感人事迹，一举成为各大新闻媒体争相报道的焦点。1995年金秋，中央电视台《与您同行》栏目的主持人，亲临山东庄实地采访，录制了专题片在中央电视台黄金时间播放，使这个原来很不起眼的穷乡僻壤，一下子在神州大地引起轰动。各种荣誉也纷至沓来，铸就了一道道闪耀的光环。枣协骨干们感天地、泣鬼神的艰辛历程，谱写了一曲曲时代交响乐。

(一)兴枣奔小康，骨干扛大梁

枣协的成立，意味着山东庄人即将摆脱贫困，走向富裕，使村民看到希望。然而如何能使协会具有高度的凝聚力、吸引力，从而发挥号召力和推动力，枣协骨干们首先统一思想，带头去宣传，坚定梨枣能富民兴村的信念；带头去大干，作出示范给群众看。协会几位正副会长率先拿出自家省吃俭用的微薄积蓄，请人在村里书写大幅标语，办梨枣知识版面，让村民看；印刷红枣栽培管理技术资料发给大家让村民学，使全村上下形成一种发展梨枣可脱贫致富的浓厚意识氛围。形成共识后便开始付诸实施。为了解决国家要粮棉、群众要花钱的矛盾，不至于枣树太多与粮棉争地，他们根据一家一户地块宽窄不同的实际，拟订每隔 3～3.5 米，规划一条枣带。为少花钱就可办大事，又拟订出按人头每人挖 500 株酸枣苗植入大田培育砧木这样两套方案。方案确定后，全村男女老少都投入到兴枣富民工程中去。年龄大的在老支书隋全旺等人带领下在村旁、地头、埝边开始挖掘葱绿健壮的酸枣苗，现挖现栽；年青力壮的男女则骑上自行车，带上镢铣，爬山涉水，翻沟上崖去找酸枣苗。他们在枣协副会长刘太原，邵社社、韩正峰等几位枣协骨干的带领下，以山东庄为圆心，以周围 25 公里为半径，四面八方全面铺开，特别是在沿峨眉岭台的数十条荒沟里，他们劈荆斩棘打酸枣籽、挖酸枣苗，处处留下他们的足迹。衣裤搔烂了，手臂划破了，身上扎满了枣刺，他们在所不惜。手上磨出了老茧，脚板打满了血泡，他们也不叫苦和累，而是默默地忍受着。据不完全统计，他们每人都跑烂两双以上的布鞋，用坏铁锹一两把。仅 1992 年秋季和冬季，全村共挖酸枣苗 30 多万株，人均超过 500 株，还采回酸枣籽 700 多千克，准备沙沤后作为翌年育苗之用。

至于接穗如何解决，他们采取两步走的方法：一是在由枣树先师隋玉英老人 20 世纪 40 年代嫁接遗存下来的 35 棵大梨枣树上采集接穗；二是由枣协骨干成员出资筹款，外出到农业院校购买其他优种接穗，嫁接于村内其他大枣树上给大田培育更多的优种接穗。

经他们执着不懈的苦干、巧干，翌年秋季，大田里被他们嫁接的枣苗，不仅长得精神、健壮，且还零星挂枣，人均一亩枣粮田由设想变为现实，使山东庄父老乡亲看到了希望。他们的成功经验，就是之后在全县乃至全运城市推广的枣粮间作“山东庄模式”。

(二)科技作先导，拓宽致富路

兴枣伊始，枣协一班人在引领乡亲大干苦干的同时，遵循邓小平同志："科学技术是第一生产力"的科学论断，不断总结经验教训，以严谨的科学发展态度，采取走出去学习、请进来传授等方式方法，加快了山东庄兴枣致富的步伐。

为使地里育下的酸枣砧木嫁接一次成功，让群众心里踏实，枣协的刘太原、邵社社、毕群等几名骨干，拿上自家的所有积蓄，抓住和省农科院枣研所有熟人这一关系，多次赴太谷、上太原取真经、求真谛，不惜重金学到蜡封接穗推迟嫁接的专利技术，买回二十多种优种红枣接穗数千个，并用蜡封这一专利技术，把从村大梨枣树当年嫩枝上采集到的接穗进行蜡封处理低温冷藏，翌年开春发芽前嫁接，成活率达95%以上，基本取得成功。后来他们不断学习，不断改进技术，终于取得一次嫁接成活率达99%甚至100%的娴熟技术，并将成功经验编写成《酸枣嫁接五字经》在1994年的《果农报》上向广大枣农推广。后经不断实践、探索，名誉会长隋晓黑、枣协会长隋全旺、副会长邵社社等人还陆续总结出“枣树修剪五字经”、“枣树用药五字经”、“防虫治病三字经”、“枣树密植低冠栽培管理技术简介”等文章，在多家专业技术报纸上刊登、交流。他们还先后请来《果业专刊》总监张铭强，技术顾问杨自民、薛尚俊，高级农艺师王农茂，省枣研所所长张志善，省枣协会长李连昌，山东枣研所武志新等一批国内知名红枣专家来村指导、讲课，传经送宝，使山东庄的梨枣产业发展驶入快车道，一批批行家里手脱颖而出，光考取中级以上农民技术职称资格的就有20多人，大多数村民都具备技术员资格。现在全村有劳力的人员是人人会嫁接、个个会管理，户户都有科技当家人。

枣协充分利用会员和村民们从实践中学来的技术，拓展更宽的致富门路。首先帮助本县退休老干部闫锋在家乡嵋阳镇阁头庄村枣化荒沟提供优种蜡封接穗3 000多条，组织嫁接队伍，一次取得成功成为县市示范点后很快被媒体推广，反响强烈。运城市的河津、永济、闻喜、平陆，山西省的吕梁、临汾、长治和周边的陕西省渭南、河南省灵宝等一些宜枣地区都纷纷聘请山东庄枣协派员指导，帮助嫁接，很快在黄河流域处处留下山东庄人技术、劳务付出的足迹，把酸枣接大枣这一费省、效宏的利国富民工程推向全国各地。光卖接穗和嫁接劳务付出的收入，连续3年每年都在50万元以上，总收入不下300万元。

枣协会长、老支书隋全旺的老有所为精神感动了辽宁省大连市"金詹联合开发股份有限公司总经理谢成杰等一行3人到山东庄考察枣业发展的全过程，把在当地发展梨枣作为公司的发展项目，一次从山东庄调走优质梨枣苗万余株回去实施首批栽植计划，并聘请隋全旺为技术顾问，临行前留足盘费，让老支书乘飞机去大连谢成杰公司的梨枣项目基地作指导。

枣协名誉会长隋晓黑被山东省诸城市聘为桃园乡的科技乡长，同年又被日本投资株式会社山东省华夏实业发展中心的中华大枣开发有限公司聘为副总经理兼开发技术导师。后又受聘为陕西省延川县委、县政府的枣化荒山荒沟工程技术顾问。近年来又被本省洪洞县委、政府聘为该县发展红枣产业技术总指导。每年他都抽出一定的时间到这些地域去言传身教，尽职尽责。

副会长刘太原、邵社社，会员骨干邵立社、李囤、李相春等人外出考察，还把触角伸过黄河，在豫西和大西北的青海、新疆等地承包荒漠山沟发展梨枣，延伸产业链。

黄迁民、黄小民、李明春、李铁旦等一批能人，通过精抓细管，使产量连年翻番，给乡亲作出表率。枣业大户邵长法、李长娃、韩援朝等人还筹资率先建起气调贮藏库，为枣农短期仓贮鲜梨枣、缓解集中上市难卖好价钱的矛盾。

枣协初创时的技术员毕群还与隋建国等人联手创办了全县第一家"枣树研究所"，为全县梨枣产业和广大枣农提供系列化的全程服务。

所有上述这些典型事例，都足以展现出枣协人不畏艰难、开创科学发展道路的精神风貌。

（三）富裕思文明，齐心促和谐

一滴水能映出太阳光辉。为乡亲所做的每件事都体现着枣协的诚意与真情。在如今的山东庄，枣协已成为乡亲们的主心骨和顶梁柱。

会员王宝玉，母亲染病卧床，爱人往院输液，儿子关节化脓，一家人就病倒3口，为无钱看病而心如油煎。协会闻讯，正副会长带头每人捐款100元，又从协会基金中挤出1 000元，共筹措2 000元送到王宝玉手中，帮他家渡过了难关。

村民邵小劝，身患绝症英年早逝，花费甚多，人财两空。去世时家中仅剩下百十斤粮食和因治病欠下的5 000多元的外债，眼看着人都埋不了。协会骨干率先捐款500元，并在巷里贴出告示号召人人献爱心，仅一个下午就收到7 530元的爱心捐款，不但安葬了死者，还代邵小劝的家人偿还了部分外债。

枣协还用积累的钱，努力去办村里的公益事业。1994 年春节前，为村里 70 岁以上的老年人每人送去一张福寿图和部分营养补品。1995 年开始改为 60 岁以上老年人节前慰问，以后年年如此。每年协会还出资为村里评出的"好媳妇"、"好婆婆"、"好家庭"赠送纪念品，促进村风和谐、文明。

现如今的枣协，骨干换了一茬又一茬，但照章行事的宗旨没有改变，仍然是乡亲们信得过的好靠山。

生产中遇到技术难题，去协会咨询找答案；想搞技术劳务输出，协会给帮助联系活源；培育出的优种苗木、接穗，由协会统一回收调配，联系买主；梨枣成熟销售季节协会又牵线搭桥引商促销。甚至于家中遇到磕磕碰碰的难事小事，协会也会出面帮忙解决。久而久之，村民们形成一种习惯——"有事找协会，啥事都好办"。可见枣协在山东庄的新农村建设中，为促进和谐、文明发挥了相当大的作用。

（四）奉献无止境，利永为民谋

2002 年以来，一些起步较晚的周边枣农，为急功近利早发财，昧着良心伙同一些不法商贩，将只有八成熟的梨枣经过不择手段的特殊加工，制成"红梨枣"提前投放市场，获取不正当利益，让消费者的健康遭到损害，也使临猗梨枣声誉一落千丈，销路陷入低谷。卖枣难问题使枣农大伤脑筋。

枣协骨干看在眼里、急在心上，及时调整思路，寻找有效办法，帮助枣农渡难关。

他们首先提醒枣农，梨枣不成熟不能上市销售，禁止 8 月底前采摘卖枣；积极推广薛尚俊的推迟结枣、树上保鲜卖红枣的先进技术；再就是扩大梨枣库贮量，尽量避开集中成熟集中上市的高峰，拉长梨枣货架期，避免枣贱伤农。

其次是组织精英外出考察，引种回枣脆王、八八红、六月鲜等一批早熟、特早熟鲜食枣品种接穗，大树高接换头，促进红枣“二次革命”。竭力制止个别目光短浅的枣农刨树毁园现象的再度发生。重塑枣乡形象，重振枣乡声誉，重夺更高效益。

目前，山东庄枣协的一些好做法、好经验，已引起当地和周边广大枣农的共鸣和效仿，坚信这面插在涑水河畔、历经十多年风雨洗礼的旗帜，将会更加鲜艳夺目、光彩照人。

四、领跑者的足迹之三——双翼劲展助飞翔

十几年前，一直被贫穷困绕了半个多世纪的山东庄人，怎么也不会想到，一个因地制宜的调产方略，竟使这个在 20 世纪初期建庄的逃难村，在 20 世纪 90 年代以后短短的七、八年内发生了翻天覆地的巨变，一跃而成为河东大地首富村。多个“第一村”的牌匾编织起来的耀眼光环，把人们不屑一顾的穷村一下子装点得鲜艳夺目、光彩照人，它就是名扬省内外的“三晋梨枣第一村”——山西省临猗县庙上乡山东庄村。

提起这个村由穷变富的短暂非凡的经历，山东庄人民的好儿子、县城建局干部、共产党员隋晓黑点石成金的调产思路首居头功；“枣树协会”一班人团结拼搏、艰苦奋斗的创业精神亦功不可没；而山东庄支村委一班人的慧眼识才、知人善任的谋略和适时支持引导村民兴枣富民、保驾护航、争先发展的实干精神更值得称道。人常说“群雁腾飞头雁领，羊群走路靠头羊”。从某种意义上讲，当时如果没有支村委一班人选贤任

能、科学引导、鼎力支持和扑下身子带领村民脚踏实地的苦干巧干，也就没有山东庄的今天。

（一）慧眼识才，启用贤能

自1918年由老家山东省昌邑县逃荒而来到全国解放，又从解放到20世纪80年代初的改革开放，在半个多世纪的漫长岁月里，有着勤劳善良、憨厚豪爽秉性的山东庄人经历几代人的辛勤劳作和不懈努力，终因生存环境恶劣，生产条件制约，贫穷落后的阴影始终赶不走、打不散、摆脱不开。

历届支村委为寻找富民之策，也曾绞尽脑汁，苦思冥想，曾试图建厂办企业，但一无资源二无资金，村穷家底薄谈何容易。村民隋洪、邵小劝等几个敢为人先的年轻人，见邻村、外地栽葡萄种苹果而致了富，也尝试着引种栽植。可是所栽植的葡萄树、苹果树经本地咸水一浇，不仅发木缓慢、叶片失绿发黄，而且成龄后所结果实，葡萄又小又涩酸，苹果肉硬甜度小，品质极差，客商一看扭头便走，只好自己拉出去赔钱卖。令支村委一班人既大伤脑筋又无可奈何！

如何为官一任、造福一方，村干部们陷入了深深的思考。仅靠常年累月挣扎在这片盐碱地上的庄稼人已是苦无良策了。改革开放、责任制下放、土地到户已十多年了，仅仅解决了温饱问题，村容、村貌年复一年，山河依旧。要想尽快脱贫致富，关键是由人的因素决定。于是他们想到了本村的在外工作人员，这些人见多识广交往宽、头脑灵活门路多，何不求助他们或许能找到快速致富的捷径。

1992年3月，在村一位老人的葬礼宴席上，时任村支书的隋全仁、村委主任李同亮向回村参加葬礼的县城建局市政股长隋晓黑提出让其辞官回村带领村民致富的要求。当着众多乡亲的面，小黑得知两位父母官那是在激将，但又不好当面回绝。作为一名正式国家干部，怎么能说辞职就辞职呢？这得向领导打报告审批，岂非易事！可面对众乡亲寄于厚望的眼神，身为共产党员的隋小黑依然以铮铮誓言向大家表态，决心为村脱贫致富尽自己的微薄之力。自此以后他就利用业余时间和节假日经常到村里搞调研、寻门路，终于找到了适合村情的快速致富捷径——“兴枣富民”的好点子。

当栽梨枣能快速脱贫的思路被隋晓黑等几位同仁通过考察论证都认为可行后，支村委一班人立即全力支持，开始实施宣传、组织、运作的实质性工作。首先在部分思想开放、头脑灵活的年青人群中搞宣传发动，让他们先统一思想认识；紧接着筹备成立了“枣树协会”，老支书隋全旺任首席会长，具有开创精神的刘太原、邵社社、韩正峰等人被推选为副会长，毕群、李金福、隋建国等几个善钻研、爱动脑者担任技术员，在支村委大力宣传、发动下，全村70%的农户都报名加入了协会，大伙一致推聘隋晓黑担任名誉会长。就这样，当时坡下地区第一个由农民自发成立的农村经济合作组织的旗帜插在了涑水河畔。

(二)引领实干，科学发展

“要想富栽枣树”的新思路，在1992年夏、秋两季经支村委鼎力大宣传大发动，基本在村民思想中形成共识，经两委牵头组织于8月份成立了“枣树协会”。他们又开始因势利导，趁热打铁，策划其如何在现有基础上少花钱或不花钱就能快速发展的方略。

经过考察、调研，初步确定了方式、方法和步骤。一是为解决国家要粮棉，群众要花钱的矛盾，尽量做到不与粮棉争地，对全村土地逐片进行规划，拟订出间隔3～3.5米规划一条枣带实施枣粮间作。二是号召村民人均挖健壮酸枣苗500株，栽入枣带作砧木，不足部分采酸枣籽育苗补充。三是在村内尚存的35棵大梨枣树上采集接穗，接在其他大枣树上培育接穗。同时又筹集少量资金通过关系到山西省农科院枣树研究所买回十多种优种接穗3 000多个嫁接繁育。不花钱、少花钱发展枣树的方案确定以后，立即得到大伙的赞同。

说了算，定了干。紧接着支村委和枣协骨干就带领大伙分头行动，老少妇孺由老支书隋全旺等两名骨干组织在村周围就近挖苗现挖现栽；年轻力壮的男女村民在两委和枣协骨干带领下，骑上自行车，带上镢铣向峨嵋岭台的数十条沟壑挺进，经1992年秋、冬和1993年春季的拼搏，以山东庄为圆心，他们的足迹踏遍方圆25公里之内的沟头崖脑。这一年共挖回酸枣苗30多万株，完成了人均667平方米枣粮田的栽植任务，每667平方米平均栽植500株。并达到当年嫁接当年见效的良好效果。1993年枣业增收9万多元，1994年超过30万元。1995年总收入100多万元，人均收入突破1 500元大关。1996年枣业总收入猛增到450万元，人均超过7 000元。山东庄人从此摆脱贫困，真正走向了富裕。

1996年支村委换届，老支书隋全旺等几位老同志感到体力不支，头脑赶不上发展形势，就主动让贤退位，将隋公社、刘太原、邵长法、段海利、李铁旦等几个年富力强的枣协骨干推举到前台，这几位敢想敢干的年轻人被大伙选举、上级任命后，更是如虎添翼，干得更欢。

新班子组建后，随着本村枣业的迅猛发展，周边兄弟村效仿兴起，一时的梨枣热潮波及全县、全市乃至周边省、市，来村考察调研的、参观学习的、买枣买苗的、咨询技术的、投资联营的纷至沓来、为使村枣业健康有序发展，不至于让那些唯利是图的人钻了空子、砸了牌子、有损枣乡的形象，他们筹资万余元，在村北 500 米处树起了招商门，盖起 3 间平房创立了枣业接待站，安装上程控电话，并把两委和枣协的牌子都悬挂在这里，村干部同枣协骨干轮流值班，全天为客商、枣农服务。对于枣农所生产的枣苗、鲜枣，实行统一规格、统一标准、统一价格、统一包装、统一商标的五统一制度。对于来村客商一律一视同仁，热情接待，合理收费，热情服务，不欺客、不宰客，以此赢得回头客，深受远近客户的好评。在他们的诚信经营下，接待站每年都为村民售枣接穗、卖鲜枣，联系技术，劳务输出活源，提供了可靠的信息服务，收入逐年快速递增。从 1997 年开始，全村人均收入都在 8 000 元以上。1999 年 3 月 24 日《运城日报》在头版头条以“一业人均富八千”报道了他们的感人事迹。2000 年后全村枣业得到跨越式发展，人均年收入都在万元以上，接待站每年也为村集体挣回 10 万～20 万元的信息费收入，不断壮大了集体经济。正像庙上乡党委书记张晓东陪市县领导在山东庄检查指导工作时风趣地说的一句话：“山东庄人奔小康，支部村委守边疆”。这正是对支村委班子为群众所做一切成绩的赞赏和充分肯定。

（三）脚踏实地，为村办事

山东庄村民富裕了，集体经济壮大了，但支村委班子从不乱花一分钱。他们外出给村办事总是自带干粮，不进饭店用餐。宁可挤公交车绝不乘出租车。班子成员能义务干的事情绝不兴师动众让村民干，能省就省。总是把好钢用在刀刃上。近年来他们实实在在地为村办了几件漂亮事，在村民中赢得了良好的口碑。

请县城建局规划股技术人员对村内所有巷道进行了测量规划，投资百万元修通贯穿东西主巷的柏油路400米，水泥硬化了所有小巷，解决了群众出村难、行路难的问题。

1998年投资20余万元在旧校舍上建起二层教学楼1座，重修了围墙，另盖了校门，使全村学生拥有了良好的学习环境，为子孙后代的成长创造了优越的条件。

投资50万元，新打配套深水井3眼。自来水通到各家各户，彻底改写了几十年来村民长期饮用浅井高氟水的历史，且增加了枣业旱涝保收的系数。

自1996年开始，每年结合举办金秋赛枣会，村里还花费数千元请来戏班子连唱几天大戏，把70岁以上老人请到前排就坐，既丰富了村民的文化生活，又扩大了山东庄的对外影响，填补了山东庄建庄有史以来未唱过大戏的空白。

富裕后的山东庄人，不少农户买回电脑。支村委一班人又因势利导，引宽带入村，鼓励上网，连接外面世界，让世界了解山东庄，让山东庄由“口号走向世界”变为现实走向世界，实现信息时代的跨越。

山东庄人在支村委强有力的支持和引导下，审时度势，科学发展，不断开拓创新，历经十多年的苦干巧干将一个穷得叮当响的逃荒村，变成现在的年人均超万元的富裕村，实在是了不起的事情。

“三晋梨枣第一村”、“河东大地首富村”、“产业调整第一村”、“人寿保险第一村”、“山西手机第一村”，这一个个第一村来之不易的荣耀，把她装扮成了社会主义新农村建设的光辉典范。我们坚信，山东庄人在支村委一班人的坚强领导和不懈努力下，一定会不断加快改革、创新步伐，把山东庄的明天建设得更加美好。

第二章 经验篇

一、概 述

(一)枣的营养价值与药用价值

1. 营养价值 枣果中的营养成分非常丰富。其中含糖量最高,鲜枣含糖量18%～45%,干枣含糖量50%～87%。100克枣果肉发热量为1.29×10^{6}焦耳,与大米、小米相近,被称为"木本粮食"。枣果中还含有蛋白质、脂肪、多种人体必需的氨基酸及维生素。尤其维生素C的含量最为突出,每100克鲜枣含维生素C 380～800毫克,是苹果、梨、桃等水果的几十倍乃至上百倍。因此鲜枣又有"百果之王"和"活维生素丸"的美誉。

2. 药用价值 枣果具有很高的药用价值。尤其是维生素C,人的膳食中若缺乏便会患坏血病。医学证明,维生素C可以软化血管,是预防高血压、冠心病和动脉硬化的理想药物。成年人每天若摄入40～80克的维生素C就可以清除体内各种毒素,增加对疾病的抵抗力,促进新陈代谢。而鲜枣中丰富的维生素C为人体的健康提供了有效的物质保证。

另据《本草纲目》记载,枣果具有健脾活胃、补血壮神、益气生津、解药毒等功效,可治胃虚食少、脾弱便秘、气血津液不足、营养不和、心悸征忡等病。枣果中还含有较多的环磷酸腺苷(C-AMP)和环磷酸乌苷(C-GMP)的生物活性物质。这种物质对人体内的癌细胞具有较强的破坏作用和抑制作用，对冠心病、心肌梗塞、心源性休克等心血管病也有显著疗效，而这种物质只有枣和酸枣中含量最高。此外，枣果中还含有芦丁成分，它是治疗高血压病的有效药物。枣树全身都是宝，除食用和药用外，它的叶、皮、根、枣核等都分别含有各种维生素及铁、锌、铈等微量元素，其加工品有消炎、清血、活血的作用。

(二)枣树的发展前景

枣树原产我国，是我国的特有经济树种。近几十年来，一些国家又先后从我国引入大量枣树品种，但由于种种原因，枣树在这些国家均末形成大面积栽培和商品生产，且多数品种品质不佳。我国枣树的栽培面积居世界首位，占世界栽培总面积的98%～99%。可以说，一国生产，世界消费，出口量逐年增加。

枣的品种按用途来分，有制干、鲜食、兼用及观赏等几种。几十年来，我国的枣品种主要以制干类为主，鲜食枣一直没有发展起来，多为庭院或田间、地头零星栽植。近年来，特别是20世纪80年代通过仪器检测，发现枣果在制干过程中大量的维生素C被损耗，其营养价值大打折扣。再加上现在贮藏和运输条件的改善，我国的鲜食枣开始大量发展，先是临猗梨枣，接着是冬枣，十来年时间，风靡全国，势头之猛、速度之快，完全出乎人们所料。其根本原因在于：当今社会，人们的生活水平普遍提高，“营养、安全、适口”已成为消费者追求的最高目标。被誉为“活维生素丸”的鲜食枣因其美丽的外观、丰富的营养、脆甜可口的食用特点正好迎合了消费者的需求，得到消费者的青睐是顺理成章的，它必然由现在的一种时尚消费变成日常消费，完全可以像消费苹果一样作为我国的主打果品。按人均年消费10千克计，仅我国即年需650万吨。可见市场潜力巨大。

随着全球化步伐的加快、鲜食枣贮藏保鲜技术的进步、航空和洲际火车等快速运输工具的发展，鲜食枣在不远的将来必定会大踏步走出国门，冲向世界，以其“高贵的品质赢得全世界消费者的认可。

（三）枣树的生物学特性

1. 枣树对气候条件及土壤条件的要求

（1）枣树对温度的要求　枣树对温度的适应性很强，凡是冬季最低气温不低于－31℃、花期日均温度稳定在24℃以上、花后到秋季日均温不低于16℃的地方都能栽培。但枣树为喜温品种，生长发育期要求较高的温度，即春季日均温达到13℃～14℃时开始萌芽；18℃～19℃时，花芽开始分化，抽生新枝；20℃以上时开花，花期最佳温度为23℃～25℃；果实正常生长发育需要24℃以上的温度；当秋季气温降至15℃以下时开始落叶，休眠期较耐寒，－31℃是极限。

（2）枣树对湿度的要求　枣树对湿度适应性也较强，年降水量在400～600毫米的地区最适宜枣树生长。但超过1000毫米或低于100毫米的降水区域也有枣树的栽培。不同发育时期对湿度的要求也不同。花期空气湿度过低，会影响坐果。果实发育后期多雨，就会影响果实发育，降低枣果品质，易引起裂果和烂果。

（3）枣树对土壤的要求　凡是土层厚度不低于30厘米、pH值5.5～8.4、土表以下5～40厘米土层单一盐分的地方都能栽种。就像庙上乡山东庄村典型的盐碱地，栽苹果、梨、桃等树就不行，而栽植枣树则长势良好且经济效益很高。这就是山东庄人选对路子、走向成功的智慧之所在。

2. 形成树体的枝与芽 枣树有3枝2芽。3枝即枣头枝、枣股枝和枣吊枝，2芽即主芽和副芽。它们是构成树体的基本要件。

枣头枝又叫枣头，或叫营养生长枝、一次枝或发育枝（图1）。它是构成枣树骨架（主干、主枝及侧枝）和结果枝组的基础。枣头枝生长发育旺盛，由正芽萌发而成，呈单轴延伸。它不仅具有继续延长萌发的能力，而且加粗生长很快，最后由它构成树冠的主干、主枝及侧枝等。一次枝的叶腋间有主、副芽，副芽在主芽的上边。在枣头生长发育过程中当年萌发生成二次枝（也称结果基枝、枣拐等）。枣头一次枝和二次枝几乎同时开始生长，初期二次枝生长量大于一次枝，后期则一次枝大于二次枝。原因是一次枝输导组织发达，枝向直立，顶端优势强；二次枝当年停止生长后不再形成顶芽，先端枯竭。二次枝上的每一个拐点，都有一个主芽和副芽，主芽当年不萌发，翌年发育成结果母枝（又叫枣股）。而副芽当年萌发，生长出一个结果枝，也叫枣吊枝或枣吊。枣吊属脱落性枝，当年生长发育、开花结果，并于当年越冬前脱落，周而复始，年年如此。

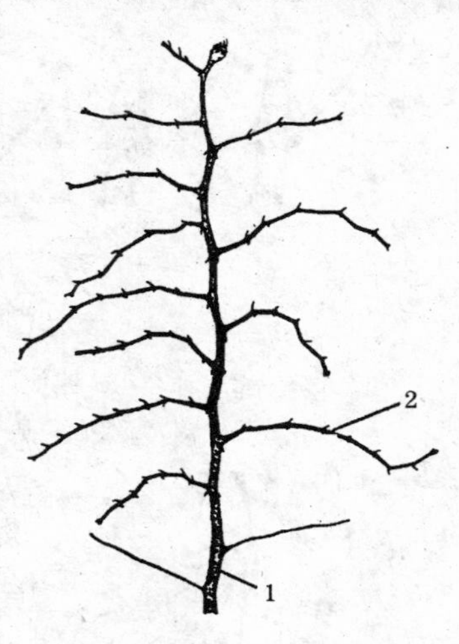

图1 发育枝

1. 枣头 2. 二次枝

枣股枝又叫枣股或结果母枝（图2）。呈圆锥形或半球形，主要着生在“之”字形二次枝上，每一个拐点着生一个。枣股每年的生长量很小(仅1～2毫米)。一旦形成，便由枣股处副芽抽生2～8个枣吊，此后便可多年结果。其中梨枣一二年生枣股结果能力最强，冬枣三至五年生枣股结果能力最强，产量最高。

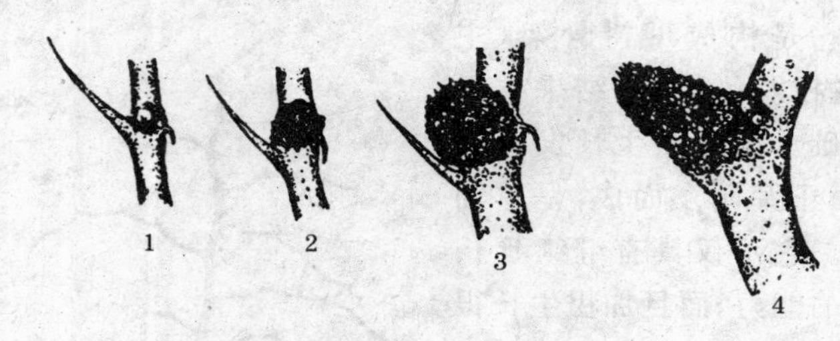

图2　枣　股

1. 一年生枣股　2. 三年生枣股　3. 五年生枣股　4. 十年生枣股

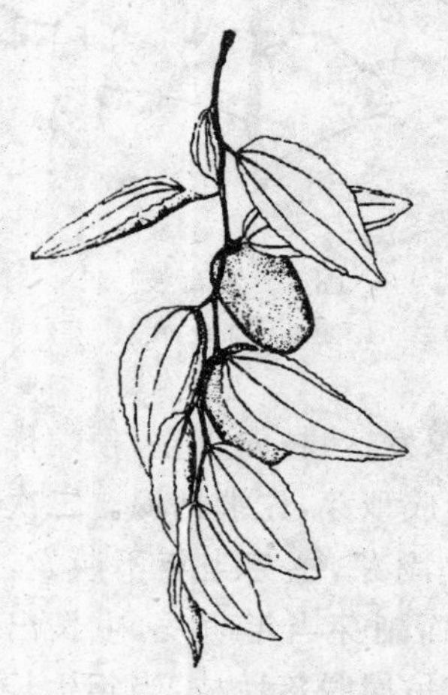

图3　脱落性果枝(枣吊)

枣吊枝着生在枣股上并呈螺旋状排列(图3)。枣吊枝开花坐果后随着幼果的生长而下垂。叶片和果实在枣吊上均匀分布，能最大限度地利用光能合成营养物质。枣吊年年脱落更新(木质化枣吊不能脱落，要靠人工疏除)。

3. 枣树的叶与花　枣树的叶片属完全叶类型，由叶片、叶柄和托叶3部分组成。成熟叶片呈深绿色，表面有光泽。梨枣的叶片大而圆，较为平展。冬枣的叶片呈狭长卵状，并略有弯曲。每个枣吊因其长短不同着生着不同数量的叶片，分布为单叶互生，呈二列排列（图 4）。叶片是枣果合成有机营养物质的基础，根据叶片的多少、大小及颜色的深浅，可以判断出树体生长发育的基本状况，从而为生产管理提供依据，实现丰产丰收。

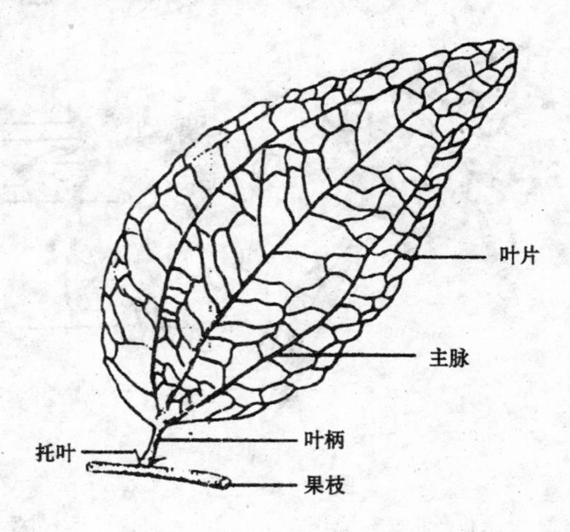

图 4　枣　叶

枣树的花朵，着生在枣吊枝的叶腋处，是生殖生长的主要器官（图 5）。梨枣的花中大，花量较少，昼开型。冬枣的花较小，花量大，属夜开型。梨枣一个花序开放的时间 3～5 天，冬季则需 15 天左右。整株树从花芽分化到终花期需 100 天左右。只要气候适宜枣吊生长，新生的叶腋间就有开花现象。

（四）枣的主要名优鲜食品种

1. 临猗梨枣

（1）品种来源　又名中华梨枣。原产山西临猗县，是一个

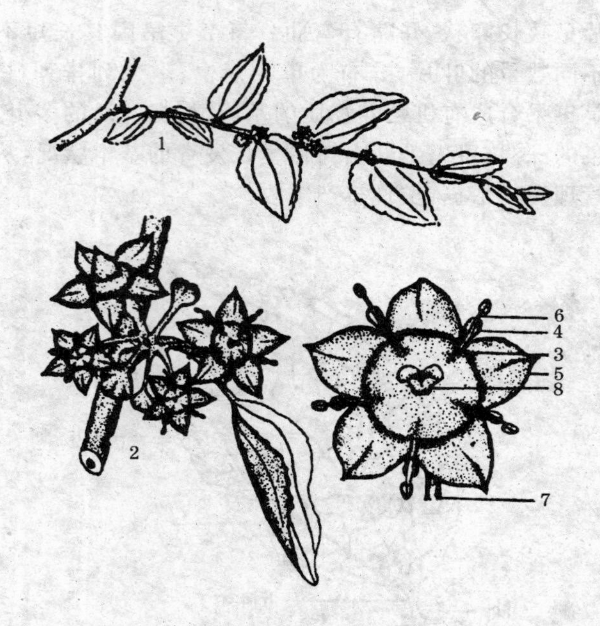

图5　枣　花

1. 结果枝开花　2. 花序　3. 花盘　4. 花瓣　5. 花萼
6. 雄蕊　7. 花柄　8. 雌蕊

古老的稀有鲜食品种，已有 3 000 多年的历史。它是庙上乡山东庄人发家致富奔小康的当家品种，至今乃是当地的支柱产业。

(2)主要性状　树势中庸，树体较小，干性弱，树势开张。枣头红褐色，针刺不发达。花中大，花量较少，昼开型。果实特大，长圆形或近圆形，因果形象梨而得名。平均单果重 30 克，最大果重 100 克以上。果实大小不均匀。果皮薄、浅红色，果面不太平滑。果肉厚、白色，肉质较细，松脆、味甜、汁液多，品质上等，适宜鲜食和加工蜜枣。鲜枣可食率 96%，含可溶性固形物27.9%，维生素C含量为292.3毫克/100克。此外还含有丰富的钙、镁、锰、锌、铜、铁等微量元素。核小，纺锤形。

结果早，早丰性强，特丰产，产量稳定。山东庄管理较好的矮化密植园，三年生树每667平方米可产鲜枣1 000千克以上，五年生以上的盛果期树每667平方米最高产量超过了3 000千克。此品种4月初萌芽，5月中下旬开花，8月下旬白熟，9月中旬完熟，10月中下旬落叶，年生长期190～200天。

(3)适栽地区　临猗梨枣适应性较强，全国宜枣区均可栽植。

(4)注意事项　①该品种树体小，早丰性强，宜密植栽培。②该品种干性弱，树势开张，树形宜采用开心形。并采用控冠矮化修剪技术。③临猗梨枣是特丰产品种，对肥水条件要求较高，近年来病虫害有加重趋势，因而要加强综合管理。④枣果成熟期遇雨易裂果，多雨年份易感染枣锈病、炭疽病和缩果病，应注意预防。⑤根据不同用途适时采收。用于鲜食应在脆熟期采收，用于贮藏需在半红期采收；加工蜜枣应在白熟期采收。⑥临猗梨枣因栽培面积大，产量高，在已出现“卖难”的情况下要考虑鲜枣贮藏和在提高品质上下工夫（比如改变传统的修剪方法，延迟采摘卖红枣。此法后面将着重介绍）。

2. 冬　枣

(1)品种来源　冬枣又名苹果枣，也称冻枣等。主要分布在河北沧州的黄骅，山东滨洲的沾化、无棣及聊城一带，现山西的运城也有大面积的栽培。冬枣在沧州已经有500多年的历史，原先仅仅零星栽种在房前屋后，成片栽种的很少，因其具有适应性强、抗旱、耐盐碱、萌芽力高、抗病能力强、长势好、产量高，尤其是口感特脆、甜，商品价值高等优点，近年来发展速度迅猛，在我国，栽培面积已大大超过了梨枣（冬枣为80 000～86 666.7公顷，梨枣为20 000公顷左右；梨枣5亿株，冬枣10亿株），成为鲜食枣类的主栽品种。

（2）主要性状　冬枣树势中庸、开张，发枝力较强，枣头紫红色。棘针已退化，短而小。枣吊细长，花量较多、夜开型。叶片长圆形，两侧向叶面稍卷、深绿色。果实中大呈圆形，果面平滑光洁。成熟前阳面常有红晕，外观美丽，赭红光亮，形似小国光苹果，故有"苹果枣"之称。平均单果重15克，最大单果重50克以上。大小较整齐。果肉酸甜可口、细脆多汁。可溶性固形物含量27%～38%，含糖量33%，维生素C的含量为300～350毫克/100克，此外还富含铁、锌、钙等微量元素。鲜食品质极优，被专家誉为"鲜食枣品种之冠"。

嫁接苗早期生长发育快，第二年就可以见果，第三年就有比较满意的产量。虽然现在总产量已经很大，但因其独特的口感，近年来，市场价格每千克一直稳定在10～25元，发展前景广阔。

该品种在主产地4月中旬萌芽，4月下旬展叶显蕾，5月下旬开花，10月上中旬进入脆熟期，即可采收，属晚熟品种。果实生长期120～130天。

（3）适栽地区　全国宜枣区均可栽植。

（4）注意事项　①该品种干性强，生长迅速，因而夏管必须到位，除萌、摘心、拉枝不能有丝毫懈怠。②该品种对肥水要求较高，易发生病虫害，因此需加强管理。③为了提高该品种的坐果率，常采用环剥、割、喷激素等措施，但要注意严把分寸，拿捏恰当。④与梨枣一样，成熟期遇雨易裂果，因而要把防裂果与保果作为枣树管理的核心来抓。⑤加强科学管理的研究，努力提高冬枣的品质，降低生产成本，确实生产出安全无公害的绿色产品，确保在市场竞争中永远处于不败之地。

3. 永济蛤蟆枣

(1)品种来源　原产山西省永济市任阳、太宁等村，为当地主栽品种，栽培历史不详，现有二百多年生以上大树生长。

(2)主要性状　树势强健，树体高大，干性较强，树姿较直立，枝条较稀而粗壮。枣头红褐色，针刺不发达，花大、花量多。果实扁柱形、特大，平均单果重 30 克，大小不均匀。果皮薄、深红色，果面不平滑。果肉厚、绿白色，肉质细而松脆，味甜，汁液多，品质上等。适宜鲜食。鲜枣可食率 96.5%，含可溶性固形物 28.5%，维生素 C 含量 398 毫克/100 克，此外还含有钙、镁、锰、铁、铜等微量元素。

结果早，产量中等，在产地 4 月中旬萌芽，5 月下旬始花，9 月下旬果实脆熟，10 月中旬落叶，年生长期 180 天左右。

(3)适栽地区　该品种适应性较强，鲜枣品质优良，耐贮藏，适宜北方城郊和工矿区周边栽植，可作为鲜枣耐贮藏优良品种适量发展。

(4)注意事项　①该品种为大果鲜食、耐贮藏优良品种，宜采用矮密栽培，以便于枣果采收。②该品种丰产性中等，要加强综合管理，尤其是花期的摘心、喷微肥等促坐果措施一定要认真，以提高产量。③成熟期遇雨易裂果仍是该品种的一个缺陷，应注意及早预防。④有条件的要考虑贮藏保鲜，与市场打时间差，以提高效益。

4. 八八红　山东庄枣农 2002 年从外地引进。该品种 7 月下旬着色，8 月中旬全红，故称八八红。脆熟期呈淡黄色，果面极为美观。果形圆形，外表似沾化冬枣，既有冬枣的甜度，还有野生酸枣的酸味，口感极佳。树势中庸，树体紧凑，托刺不发达，叶片窄狭长。通过几年观察，此品种丰产稳产性能好，管理简单，不剥不割不喷激素，照样硕果累累，是目前发现的鲜食枣品种成熟早、品质佳、极有发展前途的品种之一，预计今后八八红枣将是山东庄继梨枣之后又一个发家致富优良品种。

5. 早脆王 该品种形圆个大，平均单果重30克，果个较均匀。8月上旬着色上市，果肉质较硬，甜度适口，耐运输易贮藏，抗雨裂和病虫。树势强壮，树体开张。叶片长形，托刺不发达。管理粗放，抗逆性强，是一个具有开发价值的优良早熟品种。

此外，优良的鲜食枣品种还有六月鲜、蜂蜜罐、大白铃、不落酥等等，这里不再一一赘述。各地在引种发展过程中，一定要选择最适合本地自然条件的品种栽植，谨防“水土不服”而失去经济价值。

二、育苗技术及其嫁接

枣树苗木是建立丰产枣园的基础，只有栽植优质苗木、建成质量较高的枣园，才能达到早实丰产的目的。目前的枣树苗木，多为砧木嫁接苗，且多数以酸枣砧木苗为主。

（一）酸枣砧木苗的培育

1. 种子的选择及处理 培育酸枣砧木苗的第一步，是种子收集和处理。所选的种子必须是新鲜的、生命力强的。从外表看，应选择种皮新鲜有光泽、颗粒饱满、大小均匀、千粒重大、且无霉味、无病虫害、充分成熟的种子。若种子缺乏弹性、受压易碎、种皮发暗、种仁发黄皱缩、核果开裂的，多为陈旧种子，则不宜选用。

酸枣不经过处理，播种后发芽率极低，烂种率高，出苗时间长且不整齐。因而酸枣种子都要经过催芽处理后再播种。催芽处理的方法有好几种，最常用的是沙藏处理法。沙藏的方法是：①11 月份将选择好的种子用清水浸泡 2～3 天，然后捞出装入塑料袋中，扎绑袋口，用脚反复踩踏，进行挤压，目的是除去种皮和果肉。②将除去种皮和果肉的枣核放入 35℃的温水中浸泡 1～2 天，使枣核充分吸水。③捞出吸饱水的枣核，将其与湿沙充分混合搅匀，枣与沙的比例为 1∶3。沙的湿度应掌握在抓起成团、落地即散的标准。④在房前屋后选择背阴干燥处，挖成深 50～80 厘米、宽 50 厘米的沟，沟的长度根据种子的数量而定。⑤将混合好的种子和湿沙装入塑料袋中，绑好袋口，连同塑料袋一起放入挖好的沟内，上面用土填实，袋上层面与地面至少要有 10 厘米左右的土层。土层上面最好再盖草苫，使坑内温度保持在 4℃～9℃。⑥翌年 3～4 月份挖出沙藏的种子，用筛子除去沙粒。这时的种子种核大部裂开，当多数种子露出白色胚根时，即可播种。也可根据种子的开裂程度分期播种，以达到出苗整齐、便于管理的目的。

2. 播种与育苗　准备播种的地块，上一年秋季就要施足基肥，肥料以农家肥为主。施后耕翻整平做成畦，畦宽 1 米左右。翌年 3 月份播种前几天，要浇水整地，播时要开沟，沟深 5 厘米左右。每畦播种 2～4 行，每 667 平方米用种量为 4～5 千克。播后覆土并用地膜覆盖。

幼苗出土后要将其顶部的地膜划开，使幼苗露出地膜生长。当苗木长到 5 厘米高时，进行间苗定苗，株距一般为15～20 厘米。定苗后，要及时加强管理，如灌溉、追肥、锄草及病虫害的防治，以促进苗木健壮生长。当苗木长到 50 厘米以上时要进行摘心,以促进加粗生长和木质化。这样到秋季苗木就可达 70～80 厘米,这时就可芽接或翌年进行枝接。

(二)枣树苗木的嫁接

1. 接穗的采集和保存 嫁接时,需选择优良的接穗,这样才能为丰产奠定坚实的基础。选择良种接穗时,需注意两点:一是要选择优良品种的优良单株,即选择那些枣果个头大、果形正、品质好和生长健壮的优良单株,作为采穗母树。二是选择充实的枝条作接穗。一般要在一二年生的一次枝或粗壮的二次枝上采集,二年生以上的枝条坚决不用。接穗在枝条上的采集部位以中段饱满芽处为最好。夏季采集的接穗,最好随采随用,且要去掉叶片,存于阴凉处,以减少水分蒸发。

采集好的接穗枝条不论是否马上嫁接,都必须进行蜡封。蜡封后的接穗有以下好处:①减少水分蒸发,起到保鲜作用。接穗蜡封后,表面的一层蜡汁薄膜封住了接穗的表皮孔和两端剪口,因而可阻止水分蒸发,起到保鲜作用。②可以延长嫁接时间。枣树枝接一般在 4 月下旬至 5 月上旬,而蜡封接穗可使枣树枝接的时间一直延长到 7 月份。③可使嫁接成活率成倍提高。蜡封接穗嫁接不但能使接穗在嫁接前保持新鲜,而且能在接后至成活前这段时间内有效地防止接穗脱水萎蔫,因而成活率成倍提高。④可大大减少嫁接工序。采用蜡封接穗进行嫁接,接后不需要对砧木和接穗封土堆,因而大大减少了嫁接工序,提高了嫁接效率。

2. 接穗的蜡封

(1)原料和器具的准备 ①用 58# ～62# 工业石蜡若干(每 10 000 条接穗用石蜡 2.5 千克左右),另加硼砂或硼酸适量。②铝锅(铁锅亦可)、火炉、笊篱等。

(2)蜡封过程　①先将所采用的接穗枝剪成一节一节的，每节1个芽眼(也可2个芽眼)并除去刺针。②将石蜡放入铝锅或铁锅，加温熔化后添加少量的硼砂或硼酸。③将铝锅或铁锅放在火炉上加温，使石蜡熔化，待石蜡的温度上升到110℃～130℃时，将接穗的两头分别迅速地在蜡液中蘸一下，每次不超过1秒钟，使整个接穗都被薄薄的一层石蜡所封闭。蜡液的温度一定要掌握好。温度过低，不但造成石蜡浪费而且接穗蜡层较厚，易发生裂痕，造成水分蒸发；温度过高，芽眼容易烫伤，杀伤生命力。批量封蜡时，可用铁丝编成的笊篱，将10～30条接穗同时放入蜡液中浸蘸，然后迅速捞出，放在通风处晾凉。④将晾凉的蜡封接穗装入保鲜袋内，放在阴凉的房屋中保存或窖藏。注意保鲜袋一定得打孔透气。

3. 枣树苗木的嫁接

(1)枣树嫁接的方法　枣树嫁接的方法很多，有劈接法、切接法、芽接法、合接法、插皮嫁接(俗称皮下接)等多种，但最常用、成活率最高的还是插皮嫁接法。

(2)枣树嫁接快速削穗新方法——木墩法　枣树嫁接，方法虽多，但不论是酸枣接大枣或大面积育苗，还是高接换种，多采用插皮接的方法。传统的芽接法有几个明显的缺陷：一是削接芽难。即枣的主芽多在一次枝和二次枝夹角间，故削制难。二是嫁接难。大面积育苗时，主要是采用酸枣苗砧木，嫁接人员无法进入苗圃。三是芽接成活率低。

相比之下，枣树插皮接影响成活的主要原因是接穗削成的光滑度。由于枣树木质坚硬，纹理不通，即使嫁接能手接穗削面也很难削平；尤其是蜡封接穗，表面光滑，使得削制时因震颤而不易掌握用刀的力度和角度，需重复几次。用木墩削制接穗可避免上述弊端，既省时又省力，嫁接成活率可达95%以上。

削穗墩可选择一条直径1.2厘米以上、长约20厘米的木棍。在其先端处横切一刀，深度为棍粗的1/3～1/2。再从棍的中间向已横切一刀的底部削去，去掉木块，形成一个平整的斜面。削接穗时，可将接穗倒放在斜面上（有芽眼的一头面向自己，另一段顶在横切面上），一手握紧木墩及接穗，另一手用刀斜削接穗，即可很轻松地一刀削成光滑的斜面。

采用木墩法削制接穗，无论主枝或二次枝不仅可以提高工效，省工、省力，提高接穗削面质量，保证成活，更主要的是能够经济地利用接穗。手工削穗需有一定长度，手才能握稳操作，因而接穗多为两芽。采用木墩后完全可以采用单芽蜡封，实际上就增加了接穗的数量。

（3）插皮接的具体操作　插皮接是一种最常用的嫁接方法，它操作简单，容易掌握，成活率高，只要是砧木离皮期间都可以嫁接（图6）。

4月中旬树液流动，枣芽开始萌发，树皮容易剥离时用此法。在接穗的芽下方主芽背面2～3厘米处，用刀切木质部，向前削到先端，呈马耳形，削面尽量长一些。在接穗背面削一小切面，再把切面两侧下端削尖，以利于下插。然后将砧木离地面4～5厘米处剪断，选择皮光滑的一面，用嫁接刀纵切一刀，深达木质部，剥开皮层，呈三角形状。将接穗的长削面面向砧木的木质部插入砧木切口，上面需露白0.3厘米左右，以利于伤口的愈合。再用地膜绑带自下而上捆紧包平嫁接伤口即可。

（4）劈接法的具体操作　春季砧木不离皮时可用此法（图7）。时间在发芽前后1周内进行。在接穗芽眼下部左右各削

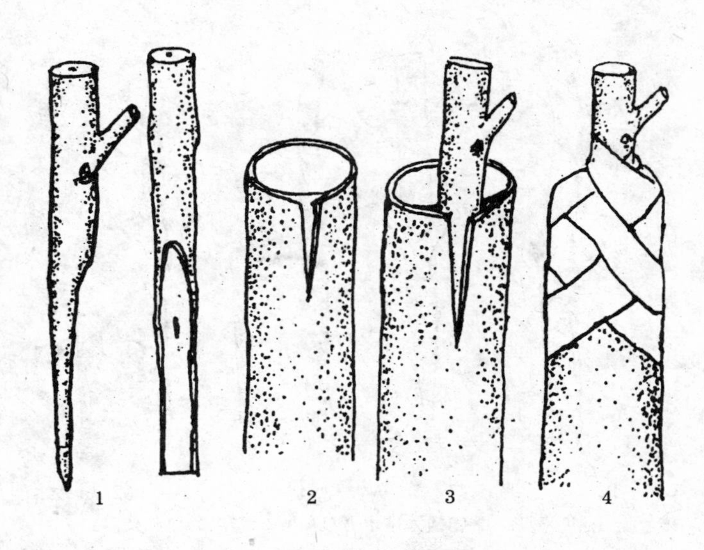

图6 插皮接

1. 接穗 2. 砧木 3. 接合 4. 塑料条捆绑

一刀,削面长4厘米左右。靠砧木的外侧削面稍厚一些,内侧稍薄一些,角度要适当。角度过大,削面过短,则形成上紧下空。双方形成层接触面积大小,直接影响到接穗与砧木愈合的好坏、成活率的高低。砧木离地面5厘米左右剪断,用劈接刀将砧木劈开,深度以接穗削面能插入就行。将接穗牢牢地插入砧木中,形成层要对准,上面露白0.3厘米。然后用地膜绑带包紧包严伤口。

(5)嫁接后管理　不论采取何种嫁接方法,若接后不及时管理,就可能前功尽弃。一般应做到以下几点:①接后勤检查。对于没有成活的要及时补接。②及时除萌芽。对砧木上萌生的嫩芽全部及时、干净地抹掉。③及时解缚。当枣苗高达30～50厘米时,用利刃划开嫁接时绑缚的塑料膜。④及时

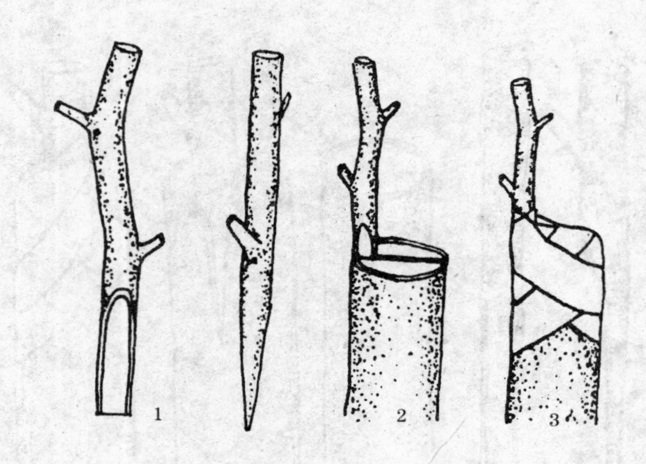

图 7　劈　接

1. 接穗　2. 接穗插入砧木劈口中　3. 塑料条包扎伤口

掐尖。当苗高达 80 厘米时，掐去顶尖，促苗发壮。⑤及时追肥浇水。5 月份、8 月份最少各浇 1 次水，同时要追施尿素或冲施肥，并间隔 20 天左右叶面喷肥 1 次。⑥及时防治病虫害。对于红蜘蛛、枣芽蟓甲、枣锈病病虫害，一定要及时预防，严格根治。

三、丰产园的建立

枣树寿命长，在气候适宜地区建立丰产枣园是获得高产优质枣果、取得最佳经济效益的基础。丰产园的标准是：密度合理，品种优良，管理先进，效益最佳。其中密度、品种是基础，管理是手段，效益是目的。

(一)园地选择

尽管枣树在各种类型的土壤上都能生长发育,但是丰产、稳产、品质上乘的枣园,最好选择在壤质土壤上。盐碱地虽可栽植,但必须是含盐量 0.4%以下的土壤其生长发育状况才较好。因而,选择枣园地应以地形开阔、日光充足、土壤深厚而疏松肥沃、空气流通、排水良好并浇灌便利的地块为优先。重黏土透气性太差以及未经改良的重盐碱地不宜栽植。

(二)品种选配

正确地选择良种是早产、高产、优质的关键。鲜食枣良种须具备高产稳产、口感脆甜、营养丰富、个头大、色泽艳丽、耐贮运性强、抗逆能力强(抗旱、抗病虫、抗裂)、管理简单、商品价值高等特点。各产地都有许多形、色、味均优的良种,建园时以选用当地或地形、土壤、气候相近地区的良种为主。异地引种要慎重,需少量引入试种,成功后再稳妥发展。

品种选配还要注意早、中、晚熟品种的合理搭配。优良的早熟品种有八八红、早脆王、疙瘩脆等,中熟品种有临猗梨枣、大白铃等,晚熟品种主选冬枣。

(三)苗木选择

首先要选择品种纯正的优良苗木。苗木要求生长充实健壮,无病虫害,根系发达。苗高 1 米以上,直径在 0.8 厘米以上,侧根 3～4 条以上并有较多的须根。由于有枣锈病等原因造成落叶早的苗木,虽然生长量也不小,但树体内养分贮存少,影响成活率。优质苗定植后成活率高、发芽快、缓苗期短,有利于建园一次成功,园貌整齐划一。

(四)栽植时期

枣树与其他类果树一样,从落叶到翌年萌发前均可栽植,但栽植的最佳时间是秋季和春季。各地可根据自己的实际情况,灵活选择。

1. 秋栽 秋季苗木出圃后即定植,有利于根系早期与土壤密切接触,恢复吸水功能。更为重要的是,秋季气温还较高,被损伤的根系容易愈合并发生新根,有利于第二年春季枝叶的生长。若是北方寒冷地区,可推迟到春栽,时间为清明前后(实践证明,发芽前 10 天左右栽植的枣树,其成活率显著高于其他时期)。最好随起苗随栽植,尽量不用假植苗。这一时期栽植,闷芽、回芽现象很少,体内贮藏养分多,栽后根系恢复快,成活率高。

(五)栽植密度

生产实践证明,在单位面积内,合理密植是增产的关键措施之一,不仅能提高早期产量,且能持续高产、优质,还能充分利用土地和阳光等。栽植时要根据品种、土壤、地势、气候、栽植及修剪方式等具体情况,进行具体分析、综合权衡,确定该园的最适密度。如能进行精细管理,可计划先密后稀。不论是梨枣还是冬枣,均可按下列方式定植:先按 1 米×1.5 米~2 米的距离定植,4 年后进行第一次间伐。间伐方法是每行与邻行错开、隔株去 1 株,使珠行距成为 2 米×1.5~2 米;再过 2~3 年进行第二次间伐,隔 1 行去 1 行成为 2 米×3~4 米的栽植距离。以后不可再间伐。

在我国北方枣区,枣树和粮食等农作物间作是传统的栽培方式。枣树一般在 4 月中旬发芽,此时正是间作地内冬小麦的返青季节，枣树刚发芽，对冬小麦的生长发育影响不大。5月份，枣树枝叶生长发育进入高峰，它的防风遮荫效果为冬小麦的开花或抵御后期干热风的侵袭起到了有益的保护作用。到了5月底、6月初，枣树开花，对养分需求量加大，而此时小麦已成熟或者收割，二者在光、肥、水资源和空间利用方面矛盾缓解，利大于弊，可实现枣粮双丰收。

枣粮间作以采用南北行向栽培为好。采用这种行向，枣树和农作物可接受最大限度的光照，二者的品质都不会受到较大影响。间作地枣树的密度以行距10米、株距3米左右为好，树高控制在3米，能够使间作地的总体效益处于最佳状态。

(六)栽植技术

1. 苗木处理 为了使枣苗营养集中、能够快速生长出健壮的主枝，二次枝应该剪除并定干栽植。定干高度以50厘米为宜。如果主侧根伤口组织发黑死亡，则将其剪去，露出白色有活力的伤口易长出新根。在栽种前，最好用ABT 1号生根粉浸泡1～2小时后栽植。

2. 栽植方法 栽植前按规划的株行距划线定点挖定植坑。坑的大小为60厘米×60厘米。挖坑时阳土和阴土应分开放，每定植坑内先回填20厘米左右厚的腐熟的农家肥与阳土的混合物。

定植时，将苗的根系均匀地摊开于坑内的回填肥土上，一人扶直苗木，另一人将农家粪与阳土的混合粪土回填坑内直至坑顶，切忌不要踩实，然后用水浇透。当坑内沉实时，再用阴土把坑填平。

3. 地膜覆盖 地膜覆盖是提高栽植成活率的一项重要

措施。因为地膜覆盖不仅可以保湿，而且可以提高地温，有利于根系恢复生机，提早生长。同时还可以抑制杂草生长，节省枣园松土除草的工作量。

地膜覆盖的方法是在新栽枣树的两边各铺地膜一条，将枣树夹在两条地膜的中间。要求两条地膜左右连接起来，并在连接处用土压住，在地膜左右两边也用土压实，防止被风吹起影响地膜的使用效果。为了提高覆盖地膜的质量，在盖膜之前将土壤平整一遍，随后再铺地膜。

4. 涂抹愈合剂和套袋　由于栽植枣苗时所有二次枝疏除，伤口多，水分蒸发量大，因而大的伤口可涂抹愈合剂。并将所有的枣苗全部套上较细的塑料袋，袋口用塑料绳捆扎住，这样做不仅提高了苗木的温度、提前发芽，而且可以避免绿盲蝽蟓、金龟子等害虫的为害，使苗木正常发育生长。当枣叶生长受到膜袋的影响时，可先在袋上用烟头烫几个眼，使树苗逐渐适应外部环境，然后 再逐步摘去塑料袋(最好在阴天或下午摘除)。笔者曾发现个别枣农栽植时只知给树苗套袋而不覆盖地膜，这种做法是极端错误的。因为套袋后苗木地上部分提温很快，枣苗便会提早发芽，但地下部温度还较低，根系活动微弱，地上部极需大量水分、养分，而地下部的根系由于地温低生命活动弱，所需水分、养分暂时供应不上，这样提早所萌发的芽就会很快因养分供应不上而干枯。

5. 栽后管理

(1)*正确对待闷芽、回芽*　要使新栽的枣树生长健壮，就要科学进行土、肥、水的管理，注意防止闷芽、回芽现象的发生。

闷芽是指新栽枣树春季该萌芽时仍不发芽，既不干枯，也不皱皮。

回芽是指枣树春季发芽后过一段时间又出现枣芽干枯的现象。

造成闷芽、回芽的主要原因是：起苗时伤根过多、须根少，定植后水分养分难以吸收；或者是根系严重缺氧，影响发根发芽；或者是定植时修剪不合理，留下弱芽、隐芽等。总之都是因为苗木质量差、根系不良或栽后管理不当所致。遇到这种情况时，若苗木尚未枯干变色，仍需继续加强管理，施以肥水，并适当松土，促其萌发成活。

(2)及时揭膜　到了夏季高温季节，要及时把地膜揭去，以防地温过高、抑制根系生长。揭去地膜后可给树盘覆草。夏收后用麦秸把树盘盖平，既可保湿又可省去中耕除草等工序。

(3)肥水管理　苗木成活后要加强田间管理。依据土壤墒情，适时灌水。并要结合降水和浇水，适时施入一部分氮、磷肥。尤其是盐渍地，土壤肥力较低，缺乏磷素，更应重视氮、磷肥同时并重。

(4)及时防治病虫害　枣树栽植后，春季要特别重视检查绿盲蝽、食芽象甲、枣瘿蚊等对枣芽、枣叶的为害，一旦发现应及时进行防治。

四、丰产园的土肥水管理

(一)土壤管理

枣树产量与质量不仅与地上部的生长状况有关，同时也与根系的活动强弱有关。土壤是枣树根系赖以生存的基础，加强枣园土壤管理是促进树体健壮生长的重要环节。

1. 耕翻土壤，增加透气性　耕翻土壤，一方面可以疏松土壤，增加土壤的透气性，提高地温，有利于根系的发育；另一方面可以增加吸收根的数量，提高根系吸收肥水的能力。耕翻时虽然切断了部分细根，但也同时促发了新根。耕翻可分别在早秋和立秋后的树体休眠期进行。

(1)早秋深翻　早秋是枣树根系生长的高峰期，此时地温尚高，土壤湿度又大，深翻后断根的伤处愈合比较快，并会很快生出新根。此时深翻会使根系受伤后吸收力减弱，地上部的有机产物集中供给枣果膨大，从而增加产量，提高品质。同时深翻后截断了表土层的一些根系，促使生长新根向纵深发展，不但能使树体更稳固，还充分利用了深层的肥水资源，增强了树体的抗旱、抗寒能力。

(2)休眠期的深翻　休眠期指土壤封冻前和早春土壤解冻后。此期深翻，表土上的杂草、树叶等物经翻压后使其在土壤里腐烂、分解，从而增加了土壤的有机质含量，改善了土壤的团粒结构，增强了其贮水的能力，为翌年树体萌芽、展叶、开花、结果奠定了良好的基础。另外，深翻时能将隐藏在表土里越冬害虫的卵、蛹及一些幼虫翻至地面充当鸟食或冻死，从而降低病虫越冬的基数和减轻翌年的病虫危害。

(3)增施有机肥　深翻时，最好先将有机肥撒施于地面，再深翻于地下。这样既翻了地又施了肥，一举多得。

(4)注意事项　深翻的深度以20～30厘米为宜。距树干近时翻耕宜浅，远时翻耕略深。深翻后尽量用耧耙把地整平，以减少水分蒸腾，保证土壤中良好的墒情。

2. 中耕松土，铲除杂草　中耕、除草的目的是疏松土壤表层，切断毛细管，减少土壤水分蒸发，具有保墒和防止恶性杂草争肥水的双重作用。中耕除草大多在雨后进行。中耕的深度一般在10厘米左右。在山地及没有水浇条件的地方，春季土壤化冻以后在株间或行间进行浅耕或浅锄，可保墒、增加地温，促进根系活动，是有效的抗旱措施。

3. 枣园生草 能给土壤提供大量有机质，提高土壤有效营养成分的含量；有利于枣树高产稳产，提高果实品质；有利于水土保持，蓄水保墒，调节温度，增加枣树抗逆能力；降低枣农劳动强度，节约开支；改善生态环境，生态效益大。

全园生草后首先最明显的表现是草层盖住了裸露的沙土，避免了雨水的直接冲刷，减少了水土流失。并且天晴后一段时间土壤仍然保持潮湿、疏松，植皮的生长及植物残体的覆盖使枣园具有了低蒸发、低需水的节水型特点。尤其是土壤的理化性能开始发生变化，蚯蚓增多，有机质含量增加，土壤的保肥保水能力及总肥力明显提高，为枣树创造了一个适宜生长的小环境，显著提高了枣树的抗旱性。由于种草地面覆盖度的增加，有效地抑制了杂草的生长，有利于害虫天敌的繁殖，从而减轻了病虫害的发生，降低了生产成本，提高了枣果的产量和质量。

枣园种草所用的草种，应选择矮生、茎叶匍匐、覆盖率高、耗水量小、耐荫耐踩、抗病力强、适应性广、营养成分高、培肥地力速度快的草种。并且根系应以须根为主，在土壤中分布不深的。不能有与枣树共同的病虫害，而且能栖宿枣树害虫天敌。旺盛生长时间短，以减少草与枣树争水分和养分的矛盾。目前适合（或接近）此条件的优良草种有白三叶草、扁茎黄芪等。

种草时间以春季4月份、秋季9月份为主。结合枣园浇水后或下雨后及时播种，每677平方米播种量为1千克左右。以机播、耧播为主。实行条播时，草籽拌入适量的炒熟谷物，以防下籽过快。播种深度宜浅不宜深，以 1 厘米左右为宜。播种草出苗后要勤中耕或锄掉其他杂草，尤其是恶性杂草。为保证草苗的快速生长，地面生草覆盖后不要进行耕翻，由草进行自然繁衍，循环往复多年，随着草的更新换代，下层草叶腐烂分解成有机质及矿物质后随水下渗，达到水土保持、改良土壤理化性状的作用。病虫害的防治不必专门进行，可与枣园的病虫害防治同步进行。

4. 土壤调理剂的应用——"免深耕" 枣树栽植几年后就难以翻耕。随着树龄的增长，根系在土壤盘亘交错，加之翻耕难，土壤愈来愈板结，严重影响果树根系的生长发育和吸收能力，进而影响枝叶的生长和果实的产量。这时若翻耕，一是工作量大，成本高；二是翻耕必然伤根，影响根系的吸收能力，同时还会造成土壤病害的传播，严重危及枣树的存亡。

"免深耕"是由成都新朝阳生物化学有限公司独家研制生产的一种新型土壤调理剂。它是靠内含的高活性物质通过水为媒介，对土壤进行一系列的物理作用而完成对土壤的改良，使用后土壤变得疏松，深度可达 1 米左右，有效打破土壤板结，促进土壤形成良好的团粒结构，提高土壤的保肥、保水能力，使土壤水、肥、气、热供给协调，从而使根系发达，吸收能力增强，提高肥料利用率，减轻土传病害，有利于微生物种群和数量繁衍增加，促进营养物质的分解利用和降解有害物质，使树体地上部生长茁壮，达到增丰增收的目的。

"免深耕"针对各种不同类型的土壤均可起到有效的疏松及调理作用。一般第一年选择使用 2 次，第二年起每年使用 1 次即可。使用方法简单，每 667 平方米用 1 瓶(200 克)对水 100 升在土壤充分湿润或在下雨前直接喷施于土表即可，或者浇地时随水滴入也行。

现在，四川新朝阳生物有限公司又生产出一种免耕肥，它不仅具有免深耕的调理土壤能力，而且还加入铬合态的氮、磷、钾、硫、锌、铁、锰、镁等多元肥料，全营养、易吸收，在冲施时不仅起到了追肥作用，还调理了土壤，减轻了工作量，一举多得。

（二）科学施肥

枣树被称作铁杆庄稼，说明了它耐瘠薄、抗干旱，但并不是说就不需要肥料。枣树在生长发育过程中，需要从土壤中吸取氮、磷、钾、钙、锰、硫、镁、锌、硼等十几种营养元素，这些元素都是枣树不可缺少的。根据其吸收量的多少，将氮、磷、钾称为大量元素，钙、镁、硫称为中量元素，其余称为微量元素。枣树由于连年生长、开花、结果，每年都从土壤中吸收大量的营养元素，有些元素被叶、果带走，有些元素用于建造树体。枣树寿命长，几十年、上百年从固定的同一地点吸收这些养分，常导致土壤中养分失衡，某些营养元素缺乏。加上枣树的许多生长过程重叠进行，如 5 月份的枝叶生长和花芽分化同时进行，6 月份开花坐果和幼果生长同时进行，7～8 月份果实生长和根系快速生长又同时进行，各个时期都要消耗大量的营养。若不及时补充，势必造成营养元素的缺乏，致使树体不能正常生长发育、开花结果，甚至造成树势衰弱和死亡。因此，必须对枣树施肥，并且还要讲究科学施肥，一旦脱离了“科学”二字，不但施肥作用甚微，有时还会出现副作用。正确的施肥应采取有机肥、无机肥（包括微肥）相结合，地面追肥和水中冲施相结合，叶面喷施和树干涂抹相结合。施肥时期主要分为秋施基肥及需肥高峰期的追肥。

1. 秋施基肥　基肥是供给枣树生长发育的基本肥料，施好基肥，可以使土壤在枣树的整个生长期中保持良好的供肥状态。一般在枣果采收后施入较好，此时枝叶已停止生长，果实也已采收，养分消耗少，由于土壤温度高、湿度大，肥料分解快，有利于根系吸收，所以秋施基肥后，叶片制造的大量营养物质贮存于树体内，为翌年的枣树抽枝、展叶、开花、结果打下基础。

基肥以腐熟的农家肥(鸡羊兔等粪、绿肥和人粪尿等)为主，配合施入适量的化肥。因为单纯施入农家肥肥效慢，不能及时供给枣树营养，二者结合最好。施肥量应占全年施用总量的 60%。施肥时应采用环状沟施、辐射沟施、轮换沟施、树盘撒施深翻及穴施等方法。无论采用那种方法，都要注意保护根系。

施用基肥时，应做到以下几点：①尽量扩大肥料与根系的接触面积，防止肥料过于集中，造成吸收不良或发生烧根。②要适当深施，以减少氮肥分解时的损失。③要根据土壤的肥力状况，大量元素和中、微量元素相互配合，防止偏施氮肥。

2. 需肥高峰期的追肥　它是在枣树生长需肥关键时期、利用速效肥料进行补充施肥的一种方法。一般有花前追肥、幼果期追肥和果实膨大期追肥几种。

(1)花前追肥　可以补充树体贮藏营养的不足，有利于提高坐果率。此期追肥，以速效氮肥为主，加适量的磷、钾肥和微量元素或者施冲施肥。要选择那些富含腐殖酸、氨基酸及多种微量元素的冲施肥，这类液肥既能改变土壤结构，还具有吸收快、肥效高和抗旱、抗寒、抗病等作用，能够使树体健壮生长。施用时严格按照说明书使用。可随水冲施、灌根或者涂干。

(2)幼果期追肥　应在 6 月底、7 月初进行，以促进幼果膨大和减少生理落果。此次追肥,要以磷、钾肥为主,加适量的氮肥和微量元素。或者追施黑金珠有机无机复合肥,每株成龄树以 1.5～2 千克为宜。

(3)果实膨大期追肥　主要是指 7 月底至 8 月初的这次追肥。此次追肥与前次追肥基本相同,都是以磷、钾肥为主,加入适量的氮肥和微量元素,以促使果实迅速膨大,加快碳水化合物的积累和转化,使枣果增色快、糖分高。每株成龄树以 0.5 千克左右为宜。

3. 根外施肥　主要是指涂抹树干和叶面喷施。根外追肥用肥量少,简单易行,见效快,能避免磷、硼等元素基施时易被土壤固定的缺点,增产显著。但是根外施肥肥效期较短,只能作为树体特定时期增补肥料的方法,不能代替土壤施肥。

涂抹树干平常采用氨基酸等有机液肥,用原液或加少许的水涂抹。需要注意的是涂抹部位必须光滑平整、树皮显绿色,若有粗糙的老皮,刮干净后再涂抹。每年 3～4 次,可与追肥同时进行。

叶面喷肥时需注意以下几点:①时间应在早上 9 时前或下午 4 时后,喷施要仔细,叶片的正背面部要顾及。②严格把好浓度关,按照说明书使用不得随意加大浓度,以防对叶片、果面造成危害。③枣树生长的每个时期内,至少要喷 2～3 次,才能收到良好效果。④几种肥料混合与农药混喷时,一定要参照《化肥、农药混用表》去实施,以免产生药害或失效。或者喷前先做试验,然后再大面积喷施。常用作叶面喷施的肥料或调节剂有各类的叶面肥、氨基酸、微量元素、尿素、481、磷酸二氢钾、赤霉素等。

(三)合理灌溉

枣树虽然是耐旱树种，但并不是说不需要浇水。枣树在生长季节要求土壤相对含水量65%～70%。尤其是花期和硬核前果实迅速生长期，对于土壤水分敏感，当土壤相对含水量小于55%或大于80%时，幼果生长受阻，落花落果严重；在果实硬核后的缓慢生长期中，当相对含水量降至35%～50%时，果肉细胞则失去膨压变软，生长停滞。每年浇几次水，经过大量实践认为，北方枣区下列三水必须浇（其间有效降水除外）。

1. 花前水 枣树花期对水分相当敏感，这是因为花期正处于器官迅速生长期，对水和养分争夺激烈。而且枣的花粉萌发需要较大的温度，水分不足，则授粉不良，降低坐果率。同时枣树开花期正处于北方干旱季节，如水分不足，“焦花”现象相当严重，造成大量的落花落果。但是土壤的含水量又不能过大，大于80%时同样落花落果严重。因而，此次浇水的最佳时间就应是开花前的5月上旬，这样既满足了花期对水、湿度的需求，又不至于含水量过大（开花比浇水迟10～15天），不仅坐果率高，而且果实发育迅速。

2. 膨果水 7月下旬至8月上旬正值枣果迅速生长阶段，此期应结合追肥灌水，可促进枣果细胞的分裂和增长，是果实增大的关键。此期若水分不足，叶片的蒸腾作用会将枣果中的水分拉走，从而造成果实萎蔫，使果实生长受到抑制而减产，降低枣果质量。

3. 采后水 枣果采收后结合秋施基肥，再灌溉1次。这样，肥料与土壤、根系就紧密接触，分解速度大大加快，更有利于根系的吸收，更有利于营养物质的积累、贮藏，为翌年的萌芽、开花、结果奠定基础。

五、枣树常规的整形修剪

(一)整形修剪的时间及方法

枣树修剪是管理过程中的一项重要措施。通过修剪,可以均衡树势,集中养分,通风透光,主从分明,分布合理,提高坐果率,促进果实发育。枣树的修剪分为冬剪和夏剪(也叫休眠期修剪和生长季节修剪)。

1. 冬剪 指枣树落叶后到翌年萌芽前这一时期的修剪。

(1)短截 剪去一年生枣头枝和二次枝的上部,刺激主芽萌发形成新的枣头,促发分枝或阻止枣头枝继续单轴延伸。在短截时,如果不疏除剪口下的二次枝,一般主芽不会萌发,如果需要主侧枝延长生长时,就需在短截的同时疏除剪口下的1～2个二次枝,刺激主芽萌发,这就是我们所说的“一剪子堵,两剪子出”的道理。

(2)疏枝 对交叉枝、重叠枝、过密枝、直立枝、徒长枝、竞争枝、细弱枝、病虫枝、枯萎枝等从基部除去,可节省养分,改善光照条件,提高坐果率,增加产量。

(3)回缩 对延长枝、多年生的细弱枝、衰老枝和前端开始枯死的二次枝进行短截,使局部枝条更新复壮,抬高角度,增强长势。

(4)落头 当树冠达到一定的高度,一般2.5～3米时,就要落头开心,这样既能控制树体的高度,又改善了树冠内部的光照条件(图8、图9、图10、图11、图12)。

2. 夏剪 是指生长季节的修剪,一般从枣树萌芽后到枣

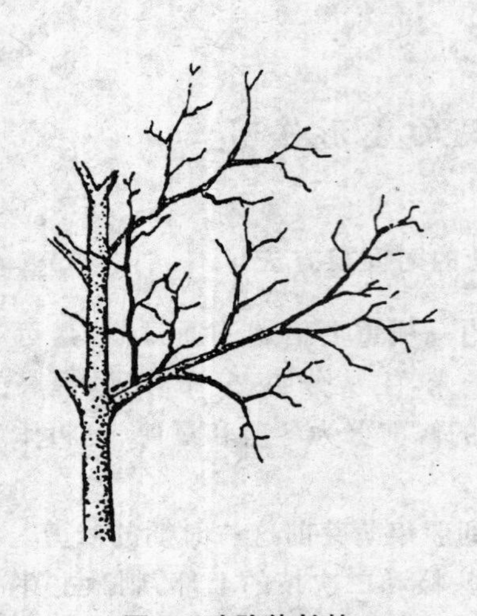

图 8　疏除徒长枝

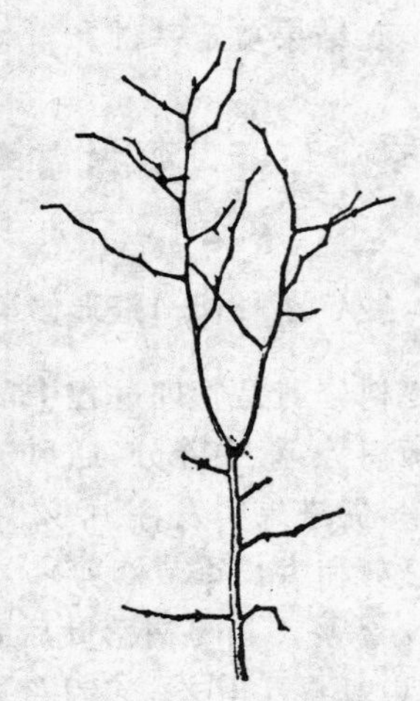

图 9　疏除竞争枝

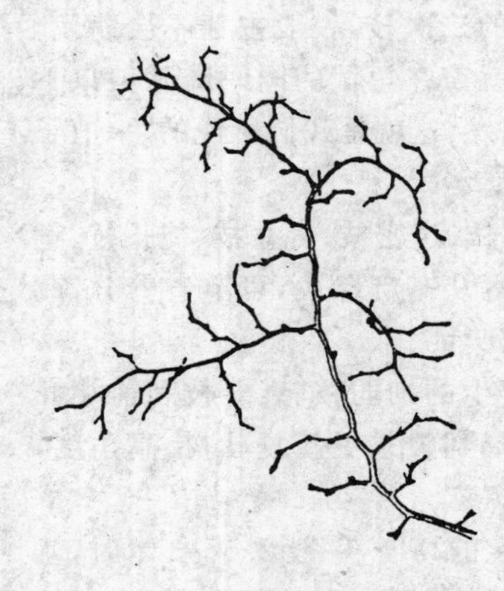

图 10　回缩延长枝

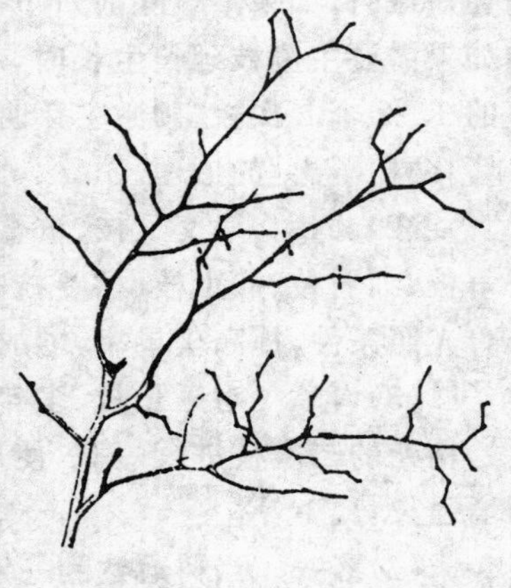

图 11　疏除过密枝和细弱枝

树落叶前这一时期的修剪。枣树夏季修剪，是整个管理工作中最重要的组成部分。其目的在于抑制枣头过多、过快生长，减少无谓的养分消耗，调节营养的流向，最大限度地增加叶片的通风受光面积，有利于光合产物的营养积累，提高坐果率，分散顶端优势，使全树都能均衡地结好果。夏剪的主要方法有以下几种。

图12　枣树落头更新后的生长情况

(1)抹芽(除萌)　对于刚萌发无利用价值的枣头，应及早从基部抹掉，这样既可以节约养分，有利于通风透光，同时还可以减少冬季的修剪量。

(2)摘心　萌芽展叶后可对枣头一次枝、二次枝和枣吊进行短截的一种方法。目的是抑制营养生长，促进生殖生长，集中养分，提高坐果率，使果实发育迅速。这是保花保果的重要修剪法之一。

①枣头摘心：剪掉枣头顶端的主芽，削弱顶端优势，控制枣头生长，减少对养分的消耗，缓和新梢和花果之间争夺养分的矛盾(图13)。把叶片光合作用所制造的养分尽可能多地用于开花结果和二次枝复壮，促进下部二次枝、枣吊的生长，加快花芽分化及花蕾形成，促进当年开花结果。对枣头枝的摘心轻重，应依枣头所处的空间大小和长势而定。一般弱枝重摘心(留2～4个二次枝)，壮枝轻摘心(留4～7个二次枝)。

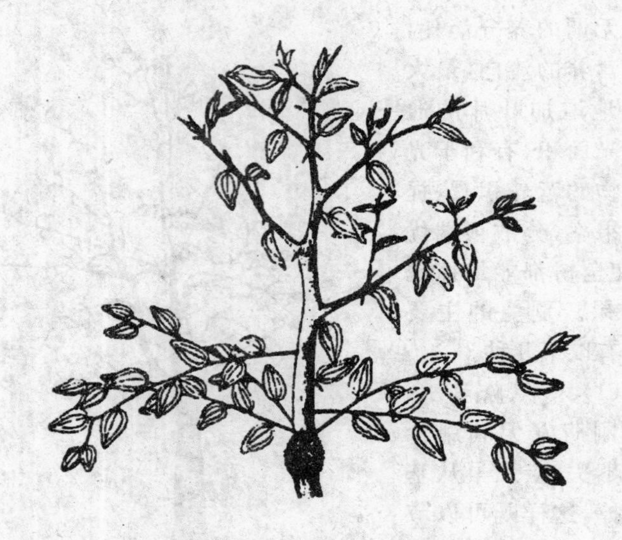

图 13　枣头摘心

②二次枝摘心：不受时间限制，只要达到摘心标准即可及时进行。摘心越早，对促进枣吊生长、早开花坐果的效果越明显。二次枝摘心后能抑制枝条横向生长，使枝与枝不相互交叉重叠，促进了枣吊的快速生长，改善了通风透光条件。

③枣吊摘心：当枣吊生长至 40 厘米左右或 9～12 片叶时，掐去顶尖。这样，就会提高剩余花果的坐果率，并使之迅速发育，减少了不必要的生理落果。

(3)拉枝　对于角度过小、方位不合适的枝条，通过木棍撑、绳子拉、土包吊等方法开张角度，改变方向，这对整形期的幼树来说，显得尤为重要。一般开张的角度以 50°～60°为宜。拉枝后控制了枝条的顶端优势，平衡了整树的营养，为多结果、结好果搭建了良好的骨架。

(4)开甲(环剥)　生长季节(开花初期)在枣树的主干或

骨干枝的基部剥去一圈皮称为环剥。目的是阻止地上部营养物质向下运输，提高地上部营养水平，促进开花坐果，减少生理落果（具体方法后面专门讲）。

（二）丰产型树体结构

笔者始终认为，对于枣树的修剪，不必过分强调树形，不必搞规范化，应该遵循“因树整形，随枝修剪”的原则，容易整什么形就整什么形，做到密而不挤、互不遮荫、通风透光、布局合理，只要能达到早实、丰产、优质的目的就行。但是，在这里还有必要向大家介绍几种丰产树形。

1. 开心形 树高控制在 1.5～1.8 米，主枝 3 个左右，角度开张至 30°～40°。主枝不分层，每一主枝的侧外方有 2～3 个侧枝。结果枝组均匀分布在主侧枝的上下左右和里外。树冠结构中空（无中心领导干），阳光可以自上而下自射内膛，透光性能最好，坐果率高，果品质量好。开心形树体结构简单，易于整形和管理，可以作为密植园内的一种主要树形采用。需要注意的是，若开心角度过小，则达不到开心的效果；而开心角度过大，往往又会造成枝条过于下垂，给管理带来不便。因而要特别注意掌握角度。

2. 小冠疏层形 树干高 50 厘米左右。整个树高控制在 2.2～2.8 米，主枝 6～7 个，长度 0.8～1.5 米，全树呈下大上小状。

主枝分三层相间，着生于中心领导干上。第一层主枝3～4 个，基角 70°左右，长度 1.2～1.5 米，向四周延伸生长。第二层主枝 2～3 个，距第一层主枝 60～70 厘米，基角 60°左右，主枝长度 0.8～1.2 米。第三层主枝 1 个或 2 个，距第二层主枝 50 厘米左右，长度 50～80 厘米，向两侧上方生长，两侧枝呈开心形。三层主枝层次分明、交错排列，主枝上不培养侧枝，直接着生结果枝组，重叠少。光照条件好，树体结构牢固，适合于各种模式的密植园栽培（若密度较大，树体还可以略小一些），便于管理和手工采摘。

3. 自由纺锤形 该树形干高 50 厘米左右，树高在 2.5 米左右，冠径为 2.5 米左右。树体结构是在一个直立的中心树干上，有 8～12 个主枝水平延伸，并均匀分布在中心干上。主枝不分层，无侧枝，主枝上直接着生结果枝组，相邻两主枝之间相距 25 厘米左右，主枝的基角为 80°左右，主枝基部的直径最大不得超过主干直径的 50%。

这种树形的基本结构特点是：中心干强壮单轴延长。多个主枝环绕中心干生长发育，呈圆锥形。主枝不分层，无侧枝，呈水平单轴延伸开张。树冠较小，通风透光好，整形容易，成形快，结果早，立体结果性强，便于管理和采收，是密植栽培的理想树形。

（三）不同类型、年龄树的修剪

枣树的整形修剪以夏剪为主，冬剪为辅。通过撑、拉、坠等措施，开张主枝角度，疏除有害枝条，重截发育枝。夏季摘心等修剪方法，培养好骨干枝及结果枝组，充分占据树体空间使树体快速成形。

1. 小冠疏层形的修剪

（1）定干与当年修剪 苗木栽植后通过浇水、定干、覆膜、套袋等一系列工序，苗木的栽培就可以基本结束。需要注意两点：一是定干的高度以 60～70 厘米为宜，不能过高或过低；二是发芽后勤观察，当套袋影响枝叶生长时，应逐步去掉袋。当萌发的枣头生长到 20 厘米左右时，保留顶端的枝条作为中心领导干培养，第二个枝条（竞争枝）尽量抹除。在下部选取3个生长健壮、分布不同方位上的枣头，培养成为第一层主枝。这几个主枝之间的方位角度尽量互为120°。如角度相差太大，可通过拉枝进行调整。其他部位所萌发的枝条，一律不留，以促进中央领导干和主枝的生长。

(2)第二年的修剪

①冬剪：第二年冬剪时，如果上年选定培养的3个主枝均衡生长，同时它们的高度又不超过中心主干时，可以不修剪，但要将角度拉开，基角达到70°左右。如果3个主枝生长发育不平衡，则对旺盛的主枝进行短截，以控制其生长量。短截时，须将剪口下的第一个二次枝也剪除，这样主芽就会萌发出健壮的枝条。有时由于所栽植的苗木质量较差，没有培养出理想的主枝，那就在主干上选择强壮的二次枝，留1节后重截，使二次枝上的主芽抽生出新枣头培养成主枝。也有的将主干上方位适合的二次枝全部剪除，然后在该部位主芽的上方刻伤，刺激主芽萌发，培养成主枝。

对于中心领导干，留60厘米左右后剪截，并剪除剪口下的第一个二次枝，使抽生新枣头，继续做中心领导干。同时对下面的2个二次枝留1～2节后重截，利用二次枝上的主芽抽生枝条，培养第二层枝。

②夏剪：第二年枣树的生长量很大，夏管必须到位。要保持3个主枝和中心干的优势，要保证第二层两个主枝的正常生长。对其余部位的萌芽要及时抹除或进行重摘心来加以控制。二层主枝的角度不适时，要通过拉枝来开张，并使枝头向有空间的方向延伸。另外，对中心干上新长出的二次枝，当节位达5～6节时摘心，促进加粗生长，健壮充实，为早期丰产打下良好基础。

(3)第三年的修剪

①冬剪:经过2年的修剪,已经培养出了第一层的2个主枝、第二层的2个主枝和中心主干。第三年修剪时,要调节第三个主枝的生长势(利用短截或拉枝)。第二层2个主枝的生长势不能高于第一层3个主枝的生长势。如果过强,也要通过短截削弱生长势,达到各主枝之间的平衡。对于中心主干,要在50厘米左右进行短截,并剪去顶端2个二次枝,开始培养第三层的2个主枝。另外,对主枝上的二次枝,可采用缩剪的手法,回缩到4～5个节位,以便集中养分结好果。

②夏剪:第三年的夏季,小冠疏层形的树体结构基本形成。主要工作是:清除过多的枣头枝,对细弱过长的主枝要摘心,对有空间的二次枝也要摘心,促生开花结果。

(4)第三年以后的修剪　第三年以后树体已经成形,根据栽植的密度及空间大小,选择合适的剪法。有空间发展时,仍以扩冠为主;空间小、光照恶化时,应以回缩、培养结果枝组为主。修剪时,对于长势强的竞争枝,应拉枝变向控制生长。若影响骨干枝的可从基部疏除。随着树冠的形成,内膛的二次枝由于缺乏光照,逐渐变弱,只开花不结果,成为无效枝。对这类枝条及早疏除。对全树所有的二次枝,都尽量回缩到3～5个节位,集中养分,提高坐果率。

2. 自由纺缍形的修剪

(1)定干　对新栽的枣树苗木,视其强弱,弱的当年不定干,强的可定干。在中心干1米左右高处剪截,然后给苗木套袋、覆膜、适时去袋、揭膜。

(2)第二年的修剪

①冬剪:在中心干延伸枝80厘米处(与定干处的距离),剪去2个二次枝,刺激这两个部位萌发新枣头。进一步培养

中心干延伸枝，对中心干上的其他二次枝，选择方向合适的（与上年主枝方位错开）二次枝3～4个，保留1个枣股后短截，用以培养二层主枝，其余二次枝保留5节左右打头，促进结果。第一层主枝是当年定干后剪口下二、三芽发出的枝条。

②夏剪：当中心干延伸枝长到1米左右时对延伸枝头进行摘心，促进被保留下来的二次枝加粗生长发育。对新培育的主枝若角度达不到80°左右时，可进行拉枝；对角度太大的主枝可将其吊起来成为60°左右。总之，要使这一层主枝均衡生长。

（3）第三年的修剪

①冬剪：对中心干延伸枝冬剪与第二年方法基本相同。在中心干延伸枝的顶端，从基部剪去2个二次枝，继续培养中心干延伸枝。对中心干延伸枝上的二次枝，选择方向合适的二次主枝；对其余二次枝，密时疏除或极重打头，促进结果。

②夏剪：主要是调整好主枝的角度和长度，使各主枝均衡生长。主枝背上或主枝间的二次枝或疏除或摘心，以培养结果枝组，促使大量结果。

经过3年的修剪，通过拉枝、摘心、疏枝等措施，可培养出10～13个均匀着生在中心干上的骨干主枝，基角80°左右，主枝在中心干上呈纺锤形排列。同一侧骨干枝间距30～40厘米，整个树体基本形成。以后的修剪，主要是回缩二次枝（密时疏除）、除萌、摘心及疏除影响光照的枣头枝等。

（4）注意事项　培养自由纺缍形树体时，要注意以下几点：①要维护中心干在整个树冠内的领导优势。树干上的所有主枝，粗度都不能超过中心干粗度的50%。若个别主枝基部太粗时必须采取控制措施，削弱其生长势。②要采取各种措施调整各个主枝之间的大小平衡，促进主枝向四周延伸生长。③要灵活运用拉、摘、疏、缩、剥等措施控制竞争枝、徒长枝的营养生长，及时清除徒长枝、过密枝和细弱枝，回缩延长枝，摘除各处的枣头(极重摘心)，维持树体、保持平衡，保持冠内通风透光，使其保持长期的结果能力。

3. 开心形树体的修剪　这种树形的修剪方法较为简单，这里不再过多说明。需要强调的是，幼树整形时仍按小冠疏层形修剪，待3～4年后逐步落头，最终整理成开心形。这种修剪方法，树体生长旺盛，通过及时正确的夏管，丰产、优质是不成问题的。

4. 几种不同树的修剪

(1)幼树“边果边形”修剪　幼树(一至三年生)营养生长旺盛，枝条发育迅速，树体成形快，相对来说养分消耗就较多，坐果就较差，生长与结果的矛盾就比较突出。“边结果边整形”是解决这一矛盾的有效方法。具体做法是：当新生枝条长到50厘米左右时，摘去枣头心(摘心口下的二次枝需留背下的向外枝条)，所留枝条的二次枝有5～7节时也摘去边心，这样就抑制了营养生长，促进了养分积累，使所留枝条增粗迅速，发育充实，为5月下旬至6月上旬的开花结果奠定了物质基础。这种做法，枣树当年就有一定产量。到了冬季修剪时，只需剪去摘心口下的1个二次枝，翌年枝条又迅速生长，同样到50厘米左右时又摘心。连续3年，既克服了幼树挂果难的问题，又使得树体发育充实健壮，为以后丰产创造物质条件。

(2)成龄树(盛果期树)“四门紧闭”修剪　“四门紧闭”指“全树封闭”，即对枝量已达要求、已占住空间的盛果期树(4年以上)采取的一种修剪方法。此期的修剪任务就是使各级骨干枝结构清晰，从属分明，通风透光好，60%以上的二次枝处于三至八年生结实力最强的枝龄。冬剪时，主要回缩开始衰弱的骨干枝和二次枝，疏除影响光照的交叉枝、重叠枝、过密枝、细弱枝、病虫枝及枯死枝。夏剪时，及时除萌、摘心，角度不开张的继续拉枝。具体来说就是勤回缩、勤疏枝、勤抹芽、勤摘心，随时发现新生枣头，随时抹除或极重摘心，这样做就抑制了营养生长，减少了无谓消耗，加速了生殖生长，极大地提高了坐果率，使枣树多结果、结好果。

(3)*衰老树更新复壮修剪* 衰老期的枣树，树冠稀疏，冠内枝条乏力，枣股老化膨大，萌发枣吊能力衰弱，坐果率差，不少枣头已干枯，产量明显下降。因此，必须进行更新恢复树势，才能有一定产量。更新复壮的方法主要有3种：一次更新、分批轮换和新老结合。

①一次更新：即大抹头。将全树的骨干枝全部锯光，利用隐芽重新抽生枝条。需注意的是，在更新前应施足肥水，以促进更新后的枣头迅速萌发生长，加速树冠形成。更新时锯口要用封剪油涂好，以免伤口龟裂、水分流失。更新后枣树生长出许多新枣头，应选择方向角度适当的新枣头作为骨干枝的延长枝，其他的枝要适当地疏除或摘心，加速树冠的形成。一般第二年树冠就能达到一定的大小，并有较好的产量。

②分批轮换更新，此种更新的方法是：将全树所有的主枝、骨干枝的一半，错落有致地进行重短截(基部只留1～2个生长点)，刺激生长点重新抽生枣头，将其培养成新的骨干枝或主枝。需要提醒的是：锯口仍要用封剪油封闭。另外，在6月份枣树盛花期前，必须对新抽生的枝条进行摘心、拉枝，控制其旺长，这样剩余的老枝条还能继续开花坐果，即更新、结果两不误。第二年再更新剩余的衰老枝(方法同上)。

③新老结合更新：方法是在全树所有主枝或骨干枝的基部，选择1～2个背上较强的芽点，在其前部刻伤，促其于早春

及时抽生出枣头。对原主枝及骨干枝前段的所有萌芽,必须重摘心或涂抹,使营养集中供给新抽生的枣头。这样,新抽生的枣头生长旺盛,枝条发育迅速。为了使老枝结果、新枝生长两不误,必须注意两点:一是所抽生的新枝必须处在原母枝的后部(基部)。若留在前端,因生长迅速发育快,就会把所有养分都"抽走",后部老枝落花落果严重。二是在开花前,必须对所抽生的新枝摘心、拉枝,抑制强旺的生长势。必要时,还要对二次枝留4～5节摘心,这样不仅保证了老枝的坐果,当年新枝发育充实,并且有一定的产量。到了第二年,剪去所有新生枝条前段的老枝(剪锯口一定要封闭好),原衰老树新的树体即告成形。笔者2005年采用此法更新,当年每667平方米产量仍维持在1000千克左右,到第二年,由于全是新枝结枣,不仅产量高(667平方米产量达3000千克左右),而且果大质优,引得周围村庄人竞相参观,啧啧称奇。

(4)放任树"因树作形"修剪　在一部分枣区,有部分群众对枣树整形修剪的增产作用认识不足,每年只进行一些地下管理。由于认识跟不上,所以很少修剪或从不修剪,致使树形紊乱,树冠郁闭,枣头满树,通风透光不良,病虫害频发,产量很低。所以我们一定要破除陈旧观念,拿起剪刀动手剪。

对于这种从不修剪或很少修剪放任生长的枣树,应当本着"因树修剪,随枝作形"的原则,重点解决好树冠内部光照问题,控制发育枝营养生长过旺,提高光合效率,促使向生殖生长转化的丰产树形。即容易改造成什么树形,就参照什么树形来进行修剪,如修成自由纺缍形、小冠疏层形或开心形等。修剪时,首先锯除2～3个严重遮光的大枝,打通光路,引光入膛。锯口最好涂抹封剪油等保护剂,防止失水过多,防止病虫危害,促进伤口愈合。然后开张主枝角度,回缩细长下垂枝与交叉枝，疏除过密、衰弱、干枯、病虫枝条，处理轮生枝、并生枝、重叠枝，短截辅养枝，改造利用徒长枝，培养强壮的结果枝组。做到“大枝亮堂堂，小枝闹嚷嚷”，合理利用空间，有效利用光能，尽快实现丰产丰收。

六、梨枣管理新突破——矮冠疏散形的管理

梨枣是我国特有的鲜食大果型枣品种，也是近十余年顺应市场经济形势而开发出来的高效益经济型树种，更是庙上乡山东庄人由贫穷走上富裕道路的物质保障。然而，由于近年来盲目无序的发展，梨枣短期内便经历了潮起潮落的过程，由刚开始时的每千克 20 多元到最低时的三两角钱。造成这种现象的主要原因：一是提早采卖青枣，使消费者吃不到成熟后脆甜可口的诱人口味；二是个别不法商贩加工“红梨枣”蒙骗消费者。这样，就使人们对梨枣产生不良印象。生产上，多数人也在探索延迟采摘，但梨枣白熟期遇雨易裂的习性是最大障碍，弄不好将会前功尽弃，甚至绝收。所以人们宁可早采卖鲜枣或作为加工蜜枣的原料出售，也不敢轻易冒险待枣成熟采红果卖。

《山西农民报·果业专刊》技术顾问、红枣课题组组长薛尚俊师傅，凭着惊人的毅力，历经近十年的不断探索，成功总结出梨枣矮冠疏散形新技术及“高产高效”配套管理措施，打破了传统梨枣只售青枣的习惯。树上保鲜、延迟采摘，销售红枣。既避开了青枣集中上市造成的恶性竞争，又使梨枣松脆可口的风味得到了充分的展现，每 667 平方米的效益连年都在万元左右。这套全新技术，使梨枣生产掀开了新的一页。

(一)两棵"秃桩"树,成就一番枣业

据薛师傅介绍,1993年他以4元1个的价格从外地买回十来个接穗,嫁接了十几株梨枣树,其中有2株被小孩玩耍时折断,只剩下40～50厘米高的"光杆"。其他枣树已萌发生长了1个月,可这两棵"秃桩"连动都不动。5月下旬,其他树陆续开花坐果时,奇迹终于出现了:这两棵小"秃桩"终于萌发出了嫩芽,刚开始时又细又弱,但到了6月份,枝条逐渐充实起来,当二次枝数量达到7～8个时薛师傅试着摘去顶心,以后又相继从二次枝第五节部位摘去边心,随着枝条老化,内源激素积累提高,枣吊枝粗壮,叶色正常,花质很好,并坐住了不少小枣。到了7月上旬,枝条发育越来越好,坐果率越来越高,且生长速度特别快。这使他意识到随着坐果期的推迟,成熟期按理也应该推迟。而且受物候期影响,这些迟坐的果成熟期会明显缩短。但通过加快生长达到完全成熟并表现出该品种特有的风味,果个也并不见得小。这就是他利用枣树不定芽受刺激易萌发推迟坐果、延迟采摘中受到的启迪,后又经过不断的观察、试验、摸索,终于总结出这套成熟的新技术,成就了一番枣业,填补了梨枣管理上的一项空白。

(二)矮冠疏散形树体特点及整形修剪

该树形低矮,一般树高在80厘米以下,骨干枝4～5个,结果枝全为1米左右长的木质化枣吊,全树约30多个,均匀着生在骨干枝上,树体健壮、透风透光良好。

整形修剪方法:每年的2～3月份,对树体进行重落头、重疏枝、重回缩。具体方法是:将过高的主干重落头,落到80厘米以下的分枝处。再将分枝处的2个骨干枝重回缩,仅留

20～30 厘米长。再从下部骨干枝中，选择 3 个健壮的角度适宜的主枝，同样留 20～30 厘米长重回缩。对树体其余部位的所有枝条，全部疏光，不留一个生长点。这种修剪法是利用枣树的隐芽（不定芽）在受到外部刺激后容易萌发、抽生新枣头、使枣树更新复壮的特性，培养新的枣头。通过一系列科学管理，达到延迟采摘、抗裂抗病、丰产丰收的目的。在落头、疏枝、回缩时，一定要用封剪油处理好锯口。枣树萌芽后在所保留的 4～5 个骨干枝上，每个骨干枝选择 1～2 个生长健壮、发育旺盛的新生枣头，其余的萌芽包括内膛各处的萌芽全部齐根抹除。当所留的枣头枝有 3～5 个二次枝时，及时摘去顶心；当二次枝有 3～4 节（3～4 个枣股）时，及时摘去边心，这样充足的水分和养分全部流向了有限的几个新生枣股上，没有任何消耗，使之抽生的枣吊生长旺盛，直达 1 米左右。

（三）矮冠疏散形枣树各个时期的管理

1. 休眠期的管理　指枣树落叶后至翌年萌芽前的管理。

（1）*深翻施肥*　封冻前结合深翻施入大量的有机肥（鸡、羊、猪粪及人粪尿等土杂肥）增加土壤有机质含量。通过深翻使土壤消除板结，通气良好，既达到消灭地下害虫的目的。同时又将落叶杂草等翻入土中，增加了土壤的有机质，改良了土壤。

（2）*刮除老翘树皮，树身涂白*　先用刮刀将树身的粗皮、老翘皮刮去（刮时，地下铺一层塑料布，刮光后将粗老皮带出园外深埋或烧毁，以防隐藏虫卵）。再用石灰水将树身涂白，在石灰液中加适量农药，以杀死树体夹缝内隐藏的害虫卵。

（3）*修剪重点把握重落头、强回缩、多疏枝 3 点*　由于枣树顶端优势特强，如果不重落头（限制在 80 厘米以下），下部的枝条就发育不起来，或者生长不充实，有效枝组就难以形成。如果不强回缩，后部隐芽就生长不旺盛。如果不多疏枝，就不能集中养分于所留枝条，木质化枣吊就难以形成。

2. 发芽前及芽期的管理 时间大致在4月上旬至5月下旬。发芽前的主要工作是清园。传统的老办法是用3～5波美度的石硫合剂进行全树喷布，效果就很好，但熬制石硫合剂较麻烦。为了方便，也可选用康健等铲除性杀菌剂结合毒死蜱等杀虫剂，全园彻底进行施用，把病虫害降到最低限度。其中若加入康培2号，发芽后表现更好。发芽后的重点是除萌，除选留好的骨干枝上的强壮萌芽外，其余各处的萌芽全部齐根抹除。此项工作需多次进行。总之，不需要的萌芽随时发现、随时抹除，以节省养分，促进所留枣头快速、健壮发育。

3. 夏季修剪与管理 此期是管理的核心。这时的枣头枝迅速生长(时间为5月下旬)，关键技术是科学摘心，如果操作能够到位，将为后期木质化枣吊的形成、为优质丰产打下坚实的基础。摘心时，一般留量为3～5个二次枝摘顶心，二次枝达到3～4节时摘边心，应根据长势分多次进行。这时应加强虫害的防治，特别是绿盲蝽象的防治。可选择的药剂有天王百树、农地乐、皂灵等，防治时最好加入阿维菌素等防治红蜘蛛的药剂，以免后期红蜘蛛泛滥成灾、无法控制。

4. 木质化枣吊形成期的管理 时间为6月份。这期间主要加强虫害的防治，保住生长点和叶片不受害。

5. 花期管理 时间为6月下旬至7月上旬。梨枣的花期管理较为容易，只要夏管中的除萌、摘心、疏枝、开角等措施到位，基本上是不成问题的。但若坐果仍不太理想，可喷施15毫克/升的赤霉素及硼肥，对坐果非常有利。花期的病虫害防治非常关键，过去一直认为花期不敢用药，以防烧花，这种担心是多余的。只要选准农药、对症下药，严格按配比说明不随意加大用量，枣花是绝对烧不掉的。此期是防治炭疽病、褐斑病的关键时期，防治得好，可以说这两种病害可得到杜绝。药品施特灵、纯品甲托、福星、易保等交替使用为好。防治虫害应加入防治食心虫的药剂如皂灵、挑小灵等。同时运用三唑酮来预防枣锈病。

6. 幼果期管理　时间为7～8月份。此时应追肥、浇水、补钙三结合。浇水的同时随水施入冲施肥，补钙以瑞恩钙为主，3～4次为宜。这样可有效地降低生理落果。

7. 果实膨大期的管理　时间为8月上旬至9月中旬。这时是枣果快速生长期，应加强肥水管理，使树体保持相对稳定的营养水平，以保证枣果的正常发育生长。当然，虫害的防治也不能放松，应按常规管理进行。

8. 梨枣成熟期的采收　梨枣成熟期不集中，而是陆续着色成熟。采收时最好分批采摘，以1/3或半身红为标准进行。再也不能提前出售，干那自己砸自己品牌的蠢事了。

（四）矮冠疏散形枣树管理上需注意的问题

1. 修剪上以"重"为主　年年重落头、重摘心、重疏、重截、重抹芽，严格控制树体，使营养都分流到所留的枣吊上（每年剪去全部树冠翌年又生成一园新树冠）。

2. 摘心上要按"枝不等时、时不等枝"严格进行　即枣头枝有3～4个二次枝时及时摘顶心，二次枝上的节位有3～4个时及时摘边心。当时间到6月25日左右，对所有的枣头枝、二次枝不论是否到位，必须一次全部摘心。另外，对二次枝基部出现的赘芽要及时抹除或重摘心，只留一个枣吊，否则就会因争夺养分而产生落果现象。

3. 肥水供应上要比常规管理更充足 因为这种修剪法树体生长量大，没有充足的肥水保证是不行的。在施肥方面，重施有机肥是连续实现优质丰产的根本途径。在发芽前施足有机肥的基础上，花前可根据情况连续追施化肥或叶面肥、冲施肥等。施用原则是：重氮、轻磷、增钾、配微。在以后的幼果期、膨大期结合浇水也要进行。浇水至少要浇5次，即芽前、花前、幼果期、膨大期和采后。

4. 病虫害防治上要"以防为主、防治结合" 近年来，枣树病虫害呈发生早、面积广、密度大、突发性强等特点，常常使得枣农防不胜防。但细细一想，它还是有规律可循的。重点抓好发芽前后的病虫害防治，做好清园（施用石硫合剂、康健等）和防治绿盲蝽象、食芽象甲、枣瘿蚊、金龟子（选择天王百树、毒死蜱、农地乐等农药）的工作。另外，花期的防病治虫也不能丝毫含糊，杀菌以大生、施特灵为好，杀虫以天王百树、皂灵为宜，既保花，更保木质枣吊生长点不致受害。幼果期和膨大期要防食心虫、红蜘蛛等，每次喷药最好是将杀虫、杀菌、补养（硼、铁、锌、钙等）结合起来。采果后还要施药，主要是杀菌、补养，尽量延长叶片的光合作用时间，以促进树体的营养积累。

（五）矮冠疏散形枣树四季管理的歌诀

2003年12月8日，笔者参加了《山西农民报·果业专刊》在夏县薛尚俊枣园举办的现场技术讲座。其经验、技术曾以诗歌的形式刊登在该报上，现将新法管枣四季歌转载如下。

引　子

果业专刊是伯乐，　树立典型能人多。
梨枣推崇薛尚俊，　勤学苦钻超常规。
细观察，勤思考，　木质枣吊结枣好。
大刀阔斧改树形，　科学修剪找规律。

冬

刮老皮、涂白剂，　杀灭菌卵在冬季。
重疏重截重回缩，　枝条只留半尺多。
封剪油，伤口抹，　防止抽条减水耗。
重疏重截树势旺，　目的就要这个样。
树势强旺好培养，　木质枣吊一米长。

春

一年之际在于春，　枣园工作最要紧。
石硫合剂最根本，　既杀虫来又杀菌。
施肥浇水莫等闲，　最好再把地膜盖。
既保墒来又增温，　发芽迅速树势威。
万物复苏气温升，　隐芽萌动往外冲。
依据空间和大小，　留枝四五表现好。
其余萌芽及时抹，　集中营养少消耗。
所留嫩枝长势强，　一马当先疯狂长。
此时管理最关键，　否则全年等白干。
新生嫩条一尺长，　枣头摘心没商量。
嫩条下部二次枝，　只宜保留三或四。
二次枝上三四节，　及时摘除不可惜。

养分充足树势旺，　　有劲使在枣股上。
好比大河水汹涌，　　各处关口都不通。
只留一处泄水口，　　浪滔滚滚气势汹。

夏

枣股饱满养分足，　　所生枣吊皆木质。
枣股养分若更大，　　抽生枣头不要怕。
极重摘心留一吊，　　将来还会木质化。
木质枣吊养分大，　　长叶同时便生花。
此时管理最重要，　　追肥浇水不能少。
追肥要以氮为主，　　浇水要把水浇足。
保证花期树够用，　　太多以防花被摧。
浇水前后免深耕，　　疏松土壤根系增。
花期喷水坐果佳，　　尿素硼肥二氢钾。
爱多收或４８１，　　这些效果很可靠。
喷时再把大生加，　　杀菌保果不分家。
绿盲蝽象食芽甲，　　选准药剂狠杀它。
天王百树和皂灵，　　二类害虫消灭净。
红蜘蛛，要当心，　　阿维菌素最顶真。
树上树下相互促，　　花多果大坐果丰。
木质枣花质量高，　　一叶一枣坐得牢。
叶大叶绿色浓厚，　　枣多枣大品质优。
生长迅速一米多，　　坐果坐到枣吊末。
任凭风吹和雨打，　　落果裂果不轮它。

秋

长长枣吊串串枣，　压折枝头笑弯腰。
十个左右称一斤，　又甜又脆惹人醉。
此期管理抓根本，　喷药追肥加浇水。
喷药主防枣锈病，　波尔多液粉锈宁。
还有炭疽缩果病，　纯品甲托施特灵。
追肥多元要结合，　速效氮磷和钾肥。
浇地随水冲施肥，　方便易行效果美。
此外还要搞叶喷，　保叶强树膨果实。
水肥叶喷都顾到，　增质增重效益高。
待到枣果全红时，　香甜脆美醉人心。
谁说梨枣味道退，　只缘未熟便采摘。
此种枣果质量美，　客商争抢踢破门。
质高价高效益高，　亩超万元显奇效。
都来学习薛尚俊，　争做致富带头人。

后序

务枣能人薛尚俊，　管理枣树有特色。
传统梨枣卖青枣，　质差价低没味道。
此种管法售红枣，　香甜脆美市场俏。
树上保鲜避旺季，　延迟采摘迟上市。
个大质优口感好，　价格自然会走高。
雨大雨多时间长，　不裂不落长势强。
处处留心皆学问，　多思多想出智慧。
新法管枣四季歌，　活学活用没差错。
勤劳科学务枣果，　日子越过越红火。

七、保花保果技术与优质果实生产

枣树是多花树种，但由于各种原因坐果率常常不理想。尤其是冬枣，管理上稍一疏忽一年的希望就会化为泡影。综合各地实践经验，枣树花期坐果必须满足3个主要条件。

第一，枣园必须具备适宜的田间小气候，这是最基本的。其要素包括适宜的温度、空气湿度和充足的光照，以及土壤的水分、有机质和矿物质营养成分等。

第二，枣树坐果主要取决于树体本身的营养状况，这是最关键的。树势旺盛、树体积累的养分充足，就容易坐果，且果大质优，产量也高。

第三，枣树的坐果还取决于树体内源激素的含量水平。枣树的授粉受精，都是在树体自身内源激素的控制下进行的。内源激素含量充足，坐果就好；否则，坐果不良。

目前，提高枣树（特别是冬枣）坐果的有效措施主要有以下几种。

（一）调控自身营养的运输及分配

通过整形、修剪，调控树体自身营养的运输及分配，使树体营养暂时集中到开花结果的部位，从而满足开花坐果的需要。从目前来看，这些调控措施主要包括整形修剪、开花前和花期的摘心，以及幼果期的疏果、环剥等。

1. 整形修剪 枣树的整形修剪，主要是协调营养生长和生殖生长的矛盾。促进开花坐果、提高产量和品质，通过落头、回缩、疏枝、拉枝开角、除萌、摘心等方法，最大限度地打开光路，增加叶片的通风受光面积，有利于光合产物的营养积累，分散了顶端优势，减少了养分的无谓消耗，使全树都能均匀地坐好枣、结好枣。生长期的除萌、摘心是促进坐果、防止落果的最有效措施。做法是从春季萌芽期开始，凡是多余的枣头，一经发现，立即抹除；对已保留的枣头枝、二次枝等，有发展空间的继续延伸，无发展空间的立即摘心，将营养生长转化为生殖生长。在一定范围内，摘心程度越重，坐果率就越高。

2. 环剥(开甲) 枣树在花期环剥，短期内阻止了地上部分营养物质向地下根部运输及分配，能将有机营养暂时集中在树上部，以满足开花、坐果的需要，待坐果后甲口愈合，树上有机营养向下运输的通道接通。从这里可以看出，环剥就是利用树体内部养分运转规律，调整养分的运输和分配，以满足开花坐果对养分的需要，从而达到提高坐果率和增加产量的目的。

环剥的最适宜时期为盛花初期，即全树大部分结果枝已开花 3～5 朵。最好选择晴朗天气时进行。其方法是：初次环剥一般在树干距地面 25～30 厘米处开始，首先用刮刀将环剥处较硬的老树皮刮除，露出粉白或粉红色的韧皮组织，用粗 0.5 厘米左右的绳或铁丝在环剥处绑扎一圈，视其水平，再用快刀沿细绳或铁丝的上下沿分别水平环切一圈，深达木质部。刀口要求“上刀下坡，下刀上坡”，这样可使环剥口宽度一致，又可防止剥口积水、利于愈合。然后将上下两刀间的树皮彻底剥去(图 14)。一般经过 25～30 天剥口即可愈合。以后 1～2 年开甲 1 次，逐次向上移 3～5 厘米。

环剥后 3～5 天，用毛刷等对剥口涂药保护。药剂主要有 50～100 倍的灭幼脲或 100 倍的久效磷等，药量以涂湿剥口为宜。以后每隔 5～7 天涂药 1 次，一般需涂 2～3 次。

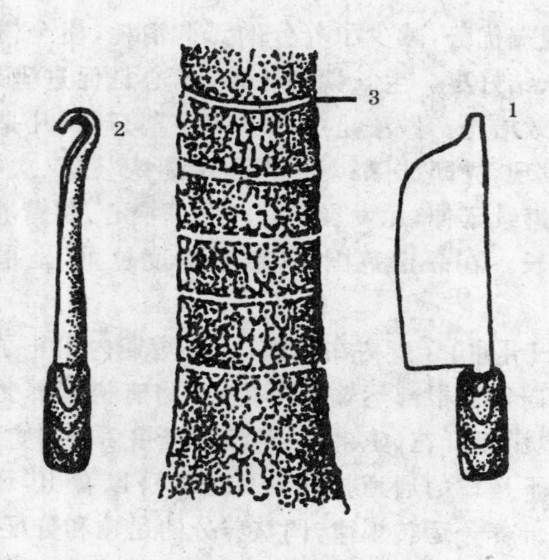

图 14　开甲工具及部位

1. 开甲刀　2. 开甲钩子　3. 开甲部位

注意事项：一是枣树环剥要因树制宜，不能搞一刀切。环剥宜选择生长健壮盛果期树，尤其适于只开花不结果或结果很少的壮年树；幼树、弱树、衰老树则不宜环剥，否则会导致树体严重削弱，也坐不了几个大枣。二是环剥的时间要适宜，最佳期应是初花盛期。更具体地说，就是全树每个枣吊只要有3～5朵花开时就可进行。这是因为环剥后营养物质还有一个逐渐积累的过程，7～8天后这些积累的营养才集中到花蕾、花朵上，而此时正是头茬花盛开时，养分正好积累在头茬花上，不仅坐果率高，而且果实发育充分，果子大、品质也好。三是环剥的宽度要因树而宜，强旺树可宽些，较弱树可窄些。一般以0.4～0.5厘米为宜(或以剥处粗度的1/10为宜)。四是环剥以隔年进行为好。因为环剥是一项在短期内调节树体营养分配的增产措施，它本身并不能增加树体内营养物质，所以不宜连年进行环剥，以免树势衰弱。五是环剥后遇到特殊干旱年景或剥口被虫侵害不能按期愈合时，可通过桥接剥口封埋湿土、剥口再创愈合、塑料纸包裹剥口涂抹愈口剂等方法进行补救，以促进愈合。六是要加强枣树的综合管理。环剥必须同土肥水管理、病虫害防治、整形修剪等措施结合起来，才能更好地发挥其增产增收的作用。

3. 疏果 当枣果坐住后对量大的一些树或枝专门进行疏果。疏果时间越早越好(刚显形成“草帽人”时最佳)。每个枣吊留1～2个果(依据长势)。此项措施做得好，不仅可大大提高坐果率，而且能有效地防止生理落果。

(二)适时灌溉或喷水，改善枣园小气候

我国的北方地区，枣树的花期正值高温干旱季节，空气湿度低，往往会发生卷叶、焦花、花粉粒不易萌发等现象，严重影响枣树的开花坐果，造成减产甚至无产。采取有效措施，通过花前浇水，可解决这一问题。花前的浇水，必须浇透，保证土壤含水量在50%～80%，才能满足授粉受精所需空气湿度，从而促进稳定坐果。有条件的地方采用喷灌效果更好。没条件的地方，天气干旱时在盛花期喷水，对提高坐果率也有一定作用。喷水时间以下午5时后为宜，这样维持空气湿润的时间较长，还可以错开枣花的散粉时间，有利于花粉发芽。喷水时用喷雾器向树冠上均匀喷布，压力不可太大，以防花粉被打落。采用喷水措施时，最好连喷2～3天，每天下午1次。

(三)喷施植物生长调节剂

枣树的开花授粉、受精坐果，是在树体自身内源激素的控制下进行的，树体内源激素的含量高低，是坐果多少的一个重

要因素。当树体内源激素含量较低时，可补充一些人工合成的植物生长调节剂，来满足坐果的需要。现将目前主要应用的植物生长调节剂及使用技术介绍如下。

1. 赤霉素（GA3） 这种植物生长调节剂有促进枣树花粉萌发和刺激子房膨大的作用，并且能够刺激未授粉的枣花结实。多年来，枣农们主要依靠赤霉素来进行促控。施用时间一般在盛花期，浓度为10～15毫克/升（或根据自己购买的种类，按照说明书严格操作）。施用时，若与0.5%尿素溶液混用，则效果更好。喷洒药液的时间以早晨9时前、下午5时后为好，喷量以树叶将近滴水为限。一般花期连用2次，间隔5～7天。

2. 爱多收 新型无公害植物生长调节剂。适用于果树的各个生长期，用量少，见效快，与杀虫剂、杀菌剂、除草剂、叶面肥等混用增效明显。能够迅速渗入植物体内，赋予细胞活力和抗逆能力；及时有效地调配营养物质输送到植物所需要的各个部位，对发芽、生根、展叶及生长结果均有显著功效；提高作物叶片光合效率，促进有机营养合成，并迅速输送到果实中去；促进根系对氮、磷、钾、钙、镁等矿质营养的吸收，提高氮肥利用率；提高作物花粉发芽率和花粉管伸长速度，促进坐果和延长授粉受精时间，延长细胞寿命，防止叶片早衰等。在枣树上花期使用时，以6 000倍液为宜，可促进花芽分化、促进花粉萌发和开花，提高花粉管的伸长速度、帮助授粉受精，提高坐果率，防止落花落果。喷施时间及间隔期，与赤霉素相同，但比赤霉素效果好。二者不宜混用。

3. 天然芸苔素内酯硕丰481 这是我国目前惟一获得国家绿色生产资料A级认证的绿色、无公害的植物生长调节剂，被称为世界第六大类植物生长调节剂。它同时具有已知的五大类植物生长调节剂的综合作用,被誉为目前植物界惟一的多功能植物生长调节剂。更由于它是从植物源中提取的,"取之于植物,用之于植物,"充分增强了天然芸苔素硕丰481与植物生长发育的相融性,决定了它在各类作物生育全程都能起到良好的作用。它功能多、用量少、活性高,能改善产品品质,增产增收,深受农民的欢迎。枣树花期喷施硕丰481(按说明书使用要求)可促进花粉萌发,促进花粉管伸长,提高坐果率,减少落果。

此外,还有来自台湾的纯天然无公害高效植物双向生长调节剂——万帅1号也较好,广大枣农可放心使用。

(四)花期喷施微量元素和叶面肥

实践证明,微量元素硼、锌、铁等对枣树的坐果率和产量有一定的促进作用。喷施0.3%硼砂溶液,坐果率就有显著提高。瑞恩锌、瑞恩铁、翠康花果灵、891有机钛等效果也很好。尤其是康培2号,它是离子态中微量元素螯合型有机营养液,全吸收,见效快。还可以配合使用一般的叶面肥料,以便更好地促进坐果。常用的配合肥料有0.3%左右的尿素、磷酸二氢钾等。实际生产中,常将喷肥、喷水、喷植物生长调节剂、喷微量元素结合使用或交替使用,但要注意它们之间的可混性。

(五)利用异花授粉,提高坐果率

枣树都能自花授粉和结实,但采取异花授粉,可显著地提高坐果率。生产上常采用2种方式进行异花授粉:一种是在枣园内适当地栽种授粉树,例如在冬枣园里适当栽植一些梨枣树对提高冬枣的坐果率及果实品质有良好的作用。二是在枣园放蜂，为枣树传播花粉，能极大地提高坐果率。枣树距蜂箱越近，效果越好。

八、枣树病虫害的防治

（一）枣树虫害的防治

1. 绿盲蝽象 绿盲蝽象属半翅目盲蝽科，又名小臭虫（图 15）。寄主有枣、李、桃、杏、苹果、棉、玉米、苜蓿等。它分布在黄河、长江流域，以成虫和若虫的刺吸式口器为害枣树，使树体发芽晚，叶片孔洞、残缺，光合作用明显降低，引起枣芽、枣吊二次萌发，严重削弱树势。花期、幼果期受害后造成大量落花落果，甚至无蕾无花。近年来，此类害虫在枣区大面积发生，其为害范围之广、程度之重，实属罕见，让人猝不及防，防不胜防，对当年枣树产量影响极大。

该虫卵圆形或椭圆形，体长 2～5 毫米不等，黄绿色。触角 4 节，深绿色至褐色。足 3 对，绿色或浅绿色。前胸背板密布黑点、深绿色，小盾片上有黄斑 1 对，前翅革皮绿色，膜质部灰色半透明。卵长约 1 毫米，黄绿色。若虫体淡绿色，着黑色节毛。触角及足深绿色或褐色。翅芽端部深绿色。

该虫每年发生数代，且有世代重叠现象。以卵在作物杂草、枣头、枣股鳞片以及当年剪口和老翘皮处越冬。春季平均气温达 10℃以上、相对湿度在 70%左右时，其卵开始孵化为若虫。枣树发芽后即以其刺吸式口器为害嫩芽。5 月上中旬是为害盛期，使枣吊花芽、花蕾分化不良，大幅减产。5 月下旬以后气温渐渐升高，虫口渐少。第二代至第四代分别在 6 月上旬、7 月中旬和 8 月中旬出现。成虫寿命为 30～50 天，其飞翔力强。白天潜伏，稍受惊动便迅速爬迁，不易发现。清晨和夜晚，成虫爬到芽上取食为害。

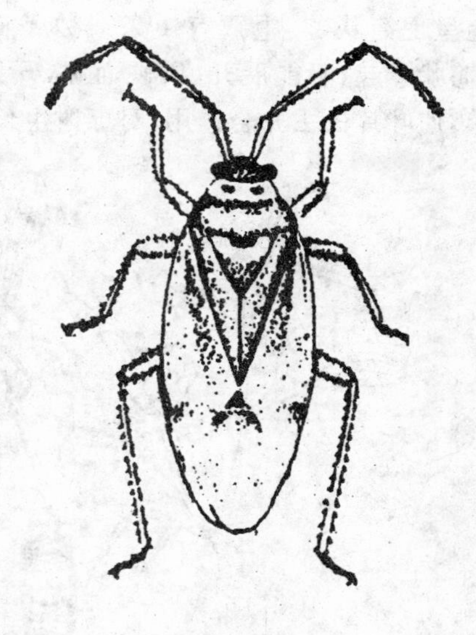

图 15　绿盲蝽象

防治上要抓住萌芽前、萌芽期和花期幼果期三个关键时期。萌芽前在刨树盘、除杂草、刮老皮、涂白剂的基础上，再认真喷施 1 次 5 波美度的石硫合剂，消灭越冬虫卵，最大限度地降低虫口基数。当芽眼开始膨大和芽长到 1 厘米左右时，再分别喷施 1 次杀虫剂，药剂以毒死蜱、皂灵等为主。花期至幼果期，结合叶面肥、调节剂、杀菌剂加入杀虫剂天王百树，喷施 2～3 次，彻底杀灭绿盲蝽象。喷药时间应遵循绿盲蝽象生活习性和活动规律，傍晚和夜间施药最佳。施药时，要做到树上和地面同时喷。尽可能做到统一行动，群防群治，防止害虫转移，也尽可能做到触杀、内吸、熏蒸、胃毒几种农药一起混用。

2. 枣瘿蚊　枣瘿蚊属双翅目瘿蚊科，又名枣芽蛆，是枣树叶部主要害虫之一(图 16)。在各枣区分布广泛，每年发生 5～6 代。以老熟幼虫做茧在树下浅层土壤中越冬，4 月中下旬化蛹、羽化。成虫产卵于未展开的嫩叶缝隙处和刚萌发的枣芽上，为害尚未展开的嫩叶，吸食嫩叶汁液，刺激叶肉组织由两边向上呈现筒状，其中藏有1条或数条白蛆。受害叶片呈紫红色，筒状卷起，不能展开，质硬而脆，开始焦枯，最后变黑，枯萎脱落，使叶片失去光合作用，对枣树生长开花极为不利。

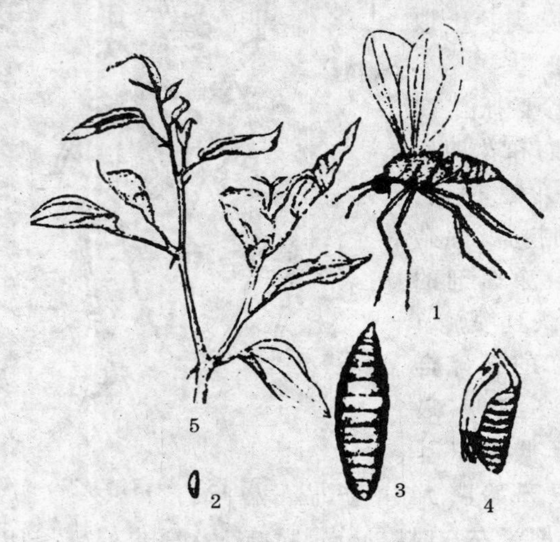

图16　枣瘿纹

1. 成虫　2. 卵　3. 幼虫　4. 蛹　5. 枣树受害状

在防治上，要做到以下3点：①入冬前或早春深翻枣园，把幼虫和蛹翻入深层土壤，阻止它春天正常出土，消灭越冬成虫和蛹。②在枣芽萌动时，地面撒施药粉，撒后耙耧1次，毒杀成虫或幼虫。常用的农药为甲拌磷等。③发芽时和开花前后各喷药1～2次，选用的药剂参考防治绿盲蝽象的用药。

3. 食芽象甲　食芽象甲属鞘翅目象鼻虫科。又称象鼻虫、葫芦虫等(图17)。该虫为害枣树的嫩芽或幼叶，虫口密度大时可吃光全树的嫩芽，造成二次发芽，重新长出枣吊和枣叶，从而削弱树势，导致大幅度减产，严重者绝收。另外，它的幼虫在土中还为害枣树的地下根系。

食芽象甲在黄河流域每年发生 1 代，幼虫在地下越冬。一般 4 月上旬化蛹。4 月下旬枣树萌芽时，成虫出土，群集树梢啃吃嫩芽，枣芽受害后尖端光秃、呈灰色。5 月中旬气温较低时，该虫在中午前后为害最凶。

防治方法：①人工防治。该虫害发生严重的枣园应在树的中下部绑硬质塑料的伞形裙，并通过人工捕捉，以阻止成虫上树。成虫发生期，可利用其假死性，杆击树枝，下接布单收集并杀死。或利用黏虫胶除虫效果也特别好。具体使用方法是：萌芽前，在树干上环围 1 条或多条黏虫胶带，可黏住多种害虫。黏胶无毒害、无气味、无污染、无腐蚀，具有抗风吹日晒、耐雨淋、质量稳定等优点。不仅用药少，而且减轻了污染，广大枣农可放心使用。②化学防治。在树下喷撒辛硫磷粉杀死出土上树的成虫，或在树上喷施天王百树、除虫脲、抑太保乳油等进行防治。

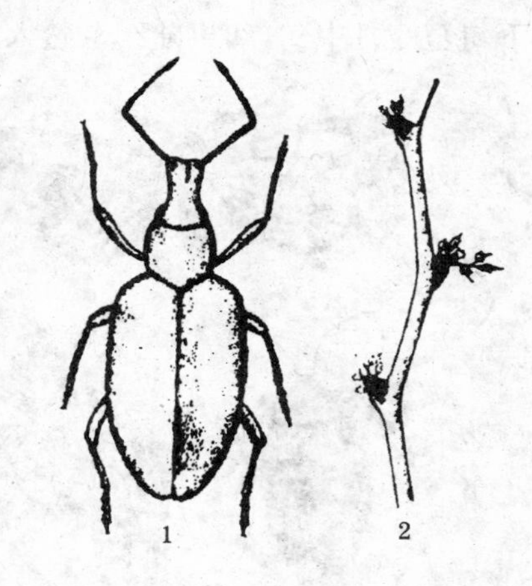

图 17　枣芽象甲

1. 成虫　2. 枣树受害状

4. 枣步曲　又名枣尺蠖、顶门吃（图 18）。初孵幼虫食害嫩芽，展叶后暴食叶片，吃成大小不一的缺刻。枣现蕾后又转食花蕾。发生严重的将全树绿色部分吃光，常造成大幅度减产和绝收。该虫一年发生 1 代，以蛹分散在树冠下 13～20 厘米的土壤中越冬。翌年 2 月下旬羽化出土，4 月上中旬为羽化盛期。雄虫多在下午羽化，羽化后即爬到树上，多在主枝的背阴面。雌虫羽化出土后于傍晚和夜间上树，并交尾产卵于树皮缝、嫩芽处。4 月中旬开始孵化，4 月下旬为孵化盛期。5 月下旬至 6 月中旬，幼虫陆续老熟入土化蛹。

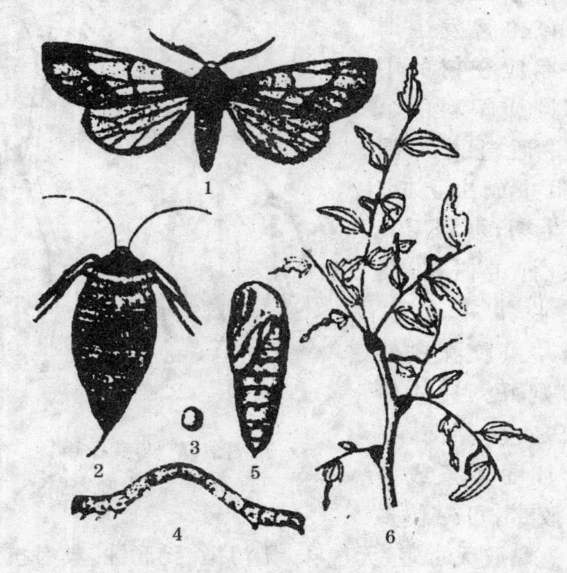

图 18　枣步曲

1. 雄蛾　2. 雌蛾　3. 卵　4. 幼虫　5. 蛹　6. 枣树受害状

防治方法：①秋、冬季和翌年早春结合树盘或枣园深翻，捡拾虫蛹后将其灭除，以降低越冬虫口基数。②翌年 2 月中下旬，在距地面 20～60 厘米的树干处，绑 15 厘米宽塑料薄膜裙，以阻止雌蛾上树，每天组织人力于树下捉蛾并杀之。③萌芽期前后(每年的 4 月下旬左右)在树上喷药防治。药剂主要有皂灵、天王百树、毒死蜱、灭扫利、灭多威等。具体浓度参考农药使用说明。

5. 食心虫 在枣树上为害的食心虫以桃小食心虫为主（图19）。它以幼虫蛀果为害，并排粪于果内，枣核周围形成“豆沙馅”样，不堪食用，造成大量落果，严重影响产量及品质。

桃小食心虫在山西南部、陕西、河北、河南一年多发生2代，以老熟幼虫在土中做冬茧越冬。越冬幼虫翌年5月上旬至7月上旬破茧出土，然后选树干基部土中、石块下、草根旁等隐蔽场所化蛹。出土盛期在5月下旬至6月上旬，可一直延续到7月上中旬。幼虫出土早晚及数量与降水有关。天旱年份出土较晚、数量少。若5～6月份降水量大，雨后便会出现一个出土高峰。若出现多次小雨，则每次雨后都会出现一个出土高峰。第一代卵盛期在7月份，第二代卵盛期在8月份，幼虫孵化后即蛀果为害。6月中下旬可发现个别果受害，7月初明显增多，7月中旬最多。幼虫在果内为害20天左右脱果落地。一般7月底前脱果的继续结茧—化蛹—产卵—蛀果—脱果结茧，发生下一代。稍迟脱果的则只发生1代。

据测定，土温20℃、5厘米浅土层含水量为10%以上时，有利于“桃小”出土；含水量为5%时，可推迟出土30天以上，但随后遇雨或灌溉，仍能顺利出土；当土温高于25℃、土壤含水量低于30%时，出土就会受到抑制。当温度在21℃～27℃、空气相对湿度为75%以上时，越冬成虫繁殖力最强，孵化率也最高；温度超过33℃时即不能产卵。因此，夏季平均气温超过30℃是限制“桃小”发生的重要原因。

防治方法：①扬土晒茧。在秋、冬季和翌年早春结合深翻，将树干周围1.5米、深15厘米的表土扬开于地表，使越冬茧晾晒、受冻而死。②培土压茧。在越冬幼虫出土盛期，在树

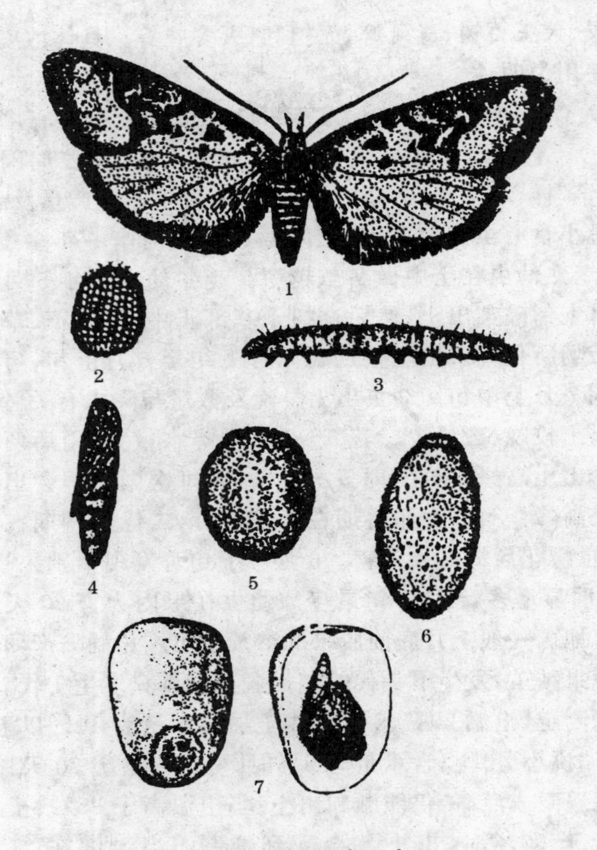

图 19　桃小食心虫

1. 成虫　2. 卵　3. 幼虫　4. 蛹　5. 冬茧　6. 夏茧　7. 果内受害状

干周围培 7～10 厘米的厚土，将“桃小”夏茧压于土下，可有效地阻止其羽化出土。③及时捡拾落果，深埋或烧毁。④树上用药。可选择的药剂主要有功夫水乳剂、暴斩、农地乐、天王百树、灭扫利等。

6. 红蜘蛛　在枣树上为害的红蜘蛛主要是山楂红蜘蛛

（图 20）。近年来，红蜘蛛在不少枣区发生严重。它以若虫、成虫刺吸叶片的叶绿素颗粒和细胞液，抑制光合作用，减少营养积累。严重时，叶片灰白色或枯黄色，失去光泽，造成提前落叶、落果，严重影响产量。一年发生 8～10 代，以受精雌成虫在树皮缝、枝杈、老龄枣股、树干根颈、杂草内、周围土缝中越冬，翌年 4 月中旬开始活动，6～8 月份为害最重，10 月份转入越冬。

红蜘蛛的活动与环境条件有关。它活动的最适温度为 25℃～35℃，最适相对湿度为 35%～55%。高温、干燥是该虫猖獗为害的主要条件。

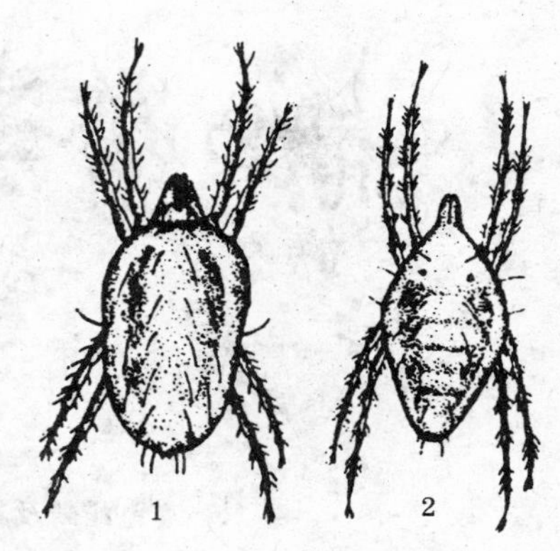

图 20　山楂红蜘蛛

1. 雌成螨　2. 雄成螨

防治方法：①冬季刮树皮，集中烧毁，消灭越冬成虫。②翌年早春萌芽前，喷布 3～5 波美度的石硫合剂。③麦收前后（5 月下旬至 6 月上旬）喷 1～2 次农药。可选择的药剂有螨死净、缉网、灭扫利、阿维菌素等。

7. 枣龟蜡蚧　俗称树虱子。属同翅目蜡蚧科。是为害枣树的主要介壳虫之一（图 21）。寄主有枣、柿、梨、苹果等多种树木。以若虫、成虫固着在叶片和小枝上刺吸树液，造成树势衰弱、落果加重、产量下降，并影响以后几年的树势。

枣龟蜡蚧一年发生 1 代。以受精雌虫在枝条上越冬。翌年 3～4 月间虫体发育，在枝条上取食为害，4 月中下旬越冬

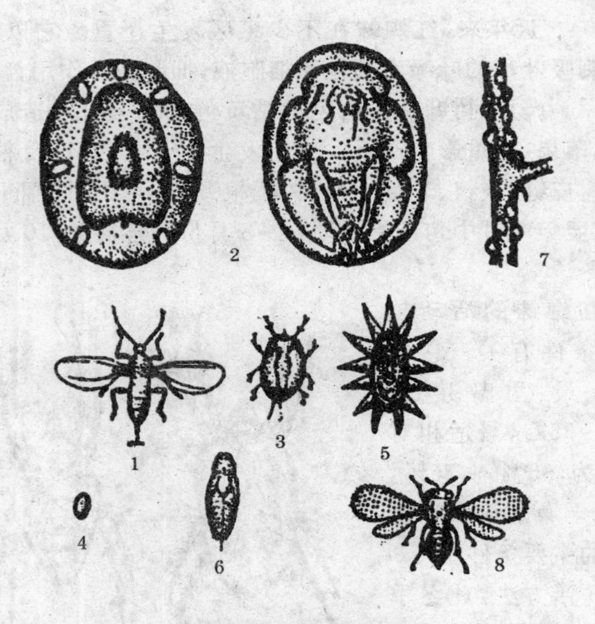

图 21　枣龟蜡蚧及其天敌

1. 雄成虫　2. 雌成虫　3. 披蜡前若虫　4. 卵　5. 幼虫
6. 雄蛹　7. 枣树受害状　8. 天敌金小蜂

雌虫迅速膨大成熟，然后产卵。气温 23℃左右时为产卵盛期。虫卵于 6 月中下旬开始孵化出若虫，7 月中旬为孵化盛期。孵化出的若虫多固定在叶的正面、枣头及二次枝上为害，吸食汁液，严重时可布满叶面。未覆盖蜡的若虫可借风传播，4～5 天后产生白色蜡壳，则固着不动。

防治方法：①结合冬季修剪，剪除虫枝或用剪刀背面直接刮除越冬虫体，虫体落地后无法再爬回枝上而死亡。②在虫害发生期，将树干周围的粗皮刮去一圈，至韧皮部外，宽度为 8～10 厘米。之后再将刮出的韧皮部横切数刀，深达木质部，将配制好的药液用毛刷涂抹在创面上，然后用塑料薄膜包扎保湿。可选用的药剂有40%氧化乐果、50%久效磷等农药。用涂干法防治枣龟蜡蚧不受天气变化和害虫龄期的影响，什么时候都可以防治，既使花期也可以用药，且不受阴雨天影响。另外，在用药期间既不伤天敌，用药量也少。在虫害发生期防治时，2天就有效，5天后防治率可达90%左右。③在若虫未覆盖蜡层前防治效果较好，被覆盖蜡后防治效果不理想。在幼虫孵化期，可进行药物防治，较好的农药主要是皂灵和杀扑磷，可参照说明书上的浓度进行喷施。

(二)枣树病害的防治

1. 枣疯病 又名丛枝病、扫帚病。是一种毁灭性的病害。由于长期无防治良方，被称为枣树上的"癌症"。枣树专家研究认为，枣树发"疯"是由一种叫MLO的类菌病原体引起的。病原体导致枣树生长发育紊乱，使花退化，芽不能正常萌发，枝叶丛生。

枣树发"疯"后，主要表现为正常生理活动紊乱，内源激素平衡失调，叶片黄化，小枝丛生，花器返祖，果实畸形，病株根部春季萌发的根蘖一出土即表现出丛枝状。有的当年不十分明显，但第二年萌叶时即现丛状枝。病株叶部症状有2种表现：一种为小叶型，萌生出的新枝具多发丛生、纤细及小叶黄花等特点；另一种为花叶型，总的来看叶片较小，叶色较淡，这种叶多出现在新生枣头上。也有的在同株或同枝上，小叶、花叶2种类型兼有。疯叶抗寒性强，落叶迟，甚至枯而不落。病株花器症状：花柄伸长变为小枝，花萼、花瓣、雄蕊成枝，顶端长1～3片小叶。病株果实症状：落果重；保留下来的果实多畸形，果表疣状突起，着色不齐、呈斑状花脸型。果肉质地松软，糖分低。

关于枣疯病的传播途径，人们最早发现嫁接和分根可以传播病毒，自然传播途径主要是昆虫。自然传播媒介是叶蝉。叶蝉在枣树上取食，因而将病树上的病原体 MLO 传给正常的树，使枣疯病蔓延发展。初期多半是从 1 个或几个大枝及根蘖开始发病，有时也会全株同时发病，症状表现由局部扩展到全株。发病后小树 1～2 年、大树 3～4 年即可死亡。

枣疯病主要通过各种嫁接、分根和刺吸式口器昆虫传染，山地、平原、住宅四旁枣树均可发病。一般管理粗放、病虫害重的枣园发病率高于集约经营的枣园。据试验，枣疯病病原物随季节在树体上下移动。营养生长期，病原物由根部经韧皮部的筛管向上移，直达枝条各芽和生长点，且具有顶端优势；秋季落叶时，病原物则沿原来通道自上而下运行，集中于根系。用轻病树做试验，在枣芽萌动前，对病株无疯枝的主枝于分杈处环剥，宽度 4 毫米左右，做到既不留韧皮部，又不伤木质部。经 2 年观察，剥口以上的枝叶发育结果正常，剥口下部萌芽及未剥的主枝发病重，丛枝量大幅度增加，产量直线下降。

在枣疯病的防治上，目前还没有切实可行的良方，但采取下列措施，可明显减轻其危害。①彻底挖除重病树或病根蘖，修除病枝。疯病病株是传播之源，加之枣树发病后不久就会遍及全株，失去结果能力，有必要及早彻底刨除病株，并将大根一起刨干净，以免再生病蘖。对小疯枝应在树液向根部回流之前，阻止病原体随树体养分向根部运行，从大分枝基部（无病部分）彻底锯除。连续几年，可基本控制枣疯病的发生。②培育无病苗木。应在无枣疯病的枣园剪取接穗、接芽，以培育无病苗木。苗圃中一旦发现病苗，应立即拔掉，并及时烧毁。③防治虫媒。清除杂草及野生灌木，减少虫媒孳生场所。

6月前喷药防治枣步曲时即可兼治虫媒叶蝉类。6月下旬至9月下旬喷施杀灭菊酯或天王星乳油消灭媒介昆虫，预防传毒。④加强枣园管理，注意加强水肥管理，深翻扩穴，增施农家肥。地面喷施“免深耕”，改良土壤性状，提高土壤肥力，增强透气性。⑤主干环锯及去除病枝。在枣树休眠期（落叶后至发芽前）主干距地面30～40厘米处，用手锯锯出环状沟，深达木质部表层，但不能伤到形成层。依病情每株锯3环左右、间距20厘米，这样可阻止病原物返回枝叶。对于发病枝可从病枝基部锯除，以防复发。

2. 枣锈病 枣锈病又称枣雾、串叶。我国各大枣区均有发生，黄河流域枣区发生较为严重。山东庄曾在1998年大发生过1次。由于枣锈病的危害，常在果实膨大期引起大量落叶，病树的枣果皱缩，果肉中的含糖量大减，多数失去食用价值。一般减产20%～60%，有的年份甚至绝收。病株早期落叶后出现二次发芽，又会影响第二年的生长和坐果。

枣锈病病原菌是真菌中担子菌门的枣层锈菌。主要侵害叶片，受害叶片背面起初散生或聚生凸起的土黄色小疱，即病原菌的夏孢子堆。夏孢子堆形状不规则，直径0.2～1毫米，大多数生在中脉两旁、叶尖和叶片基部。密集在叶脉两旁的夏孢子堆往往连成条状。密度大时，叶片各个部位甚至果面、枣吊上都可见到少数夏孢子堆。夏孢子堆开始产生于叶片的表皮下，当其成熟后表皮破裂，散出黄粉，即夏孢子。在叶片正面对着夏孢子堆的地方，出现不规则的褪绿小斑点，逐渐失去光泽，以后变成黄褐色角斑，最后干枯，早期脱落。落叶先由树冠下部开始，逐渐向上蔓延，严重时叶片全部落光，只留下未成熟的小枣挂在树上，以后失水皱缩。到秋季，病叶上的夏孢子堆旁边又长出黑褐色的角状物，不规则形，即病原菌的冬孢子堆，稍凸起，但不突破叶的表皮。冬孢子堆比夏孢子堆小，直径 0.2～0.5 毫米。

枣锈病发生的轻重与每年的土壤水分、大气湿度，特别是与 7～8 月份的阴雨天和降水量多少密切相关。7～8 月份，降水量少于 150 毫米，发病轻；降水量达到 250 毫米，发病重；降水量超过 330 毫米，枣锈病暴发成灾。凡是低洼的枣林或是间种玉米等高秆作物及水浇地枣林，锈病就重，落叶落果严重；反之，在沙岗地或间种花生、红薯等低矮作物的枣林，锈病就轻。枣园密闭、园内通风不良、湿度大的，也可加重枣锈病的发生。

枣锈病的防治：一是要加强栽培管理。栽植时不宜过密，合理修剪，枝量不宜太大，以利通风透光。增施有机肥，适量负载，增强树势。雨季应及时排除积水，降低枣园湿度。枣树休眠期清扫树下落叶及病枣，集中烧毁或深埋于土中，以减少越冬菌源。枣树行间不宜种植高秆作物。二是要喷药防治。主要在 7 月上旬喷施特灵或粉锈宁，流行年份可在 8 月上中旬再喷 1 次保尔丰，能有效地控制枣锈病的发生和流行。也可用甲基托布津、代森锌、灭菌铜或波尔多液（1∶2∶200 倍量式）进行防治。

3. 枣缩果病 又称枣萎蔫果病等。是我国各大枣区的主要病害之一。病原菌侵入正常果实以后被侵害果实的发病症状有晕环、水渍、着色和萎缩脱落等几个阶段。首先在果肩或胴部出现黄褐色不规则变色斑，进而果皮出现黄色、边缘不清。后期果皮变为暗红色，收缩，且无光泽。果病肉区由外向内出现褐色斑，味苦，不堪食用。果柄变为褐色或黑褐色。整个病果瘦小，于成熟前脱落。

缩果病是由细菌感染后引起的，与枣果外皮破损有直接关系。自然磨损的枣果伤口，刺吸式口器的害虫如壁虱、叶蝉、盲蝽象等所引起的伤口也可传病。发病与枣果的发育时期有关。一般在8月中下旬枣果变白至着色时发病，气温在26℃～28℃时，一旦遇到连阴雨或夜雨昼晴天气，此病就易爆发成灾。缩果病以点片发生较多，一片枣园往往几株严重或一株树往往几枝严重。缩果病往往与炭疽病同时发生在一个枣果上或同时在一株树、一片园内发生，有时不易区分。两种病果的主要区别是：观察枣果的枣核，若枣核变黑就是感染上炭疽病，若枣核不变颜色就是缩果病。

防治时，首先要做到加强枣园的综合管理，及时防止刺吸式害虫的发生，如桃小食心虫、介壳虫、绿盲蝽象、枣叶壁虱和叶蝉等。其次在发病的前后即8月中下旬，用农用链霉素全树喷施，7天1次，连续2～3次，防效很好。需注意的是，链霉素要随配随用，以防其水溶液失效。

4. 枣炭疽病 又名烧茄子病。多发生于黄河流域各枣区，是枣树果实的主要病害之一。病果品质下降，重者失去经济价值。

该病主要侵害果实。果实染病后肩部最初变为淡黄色，进而出现水渍状斑点，逐渐扩大为不规则黄褐色斑块，并产生凹陷，病斑连片后呈红褐色，造成果实早落。早落的果实枣核变黑。天气潮湿的时候，在病斑上形成黄褐色的小斑点，病果味道发苦，不堪食用。果肉糖分低，品质差。多数病果并不脱落。一旦同时染有缩果病，落果将非常严重。一般发病盛期在7月中旬至8月中旬。该病发生的早晚及程度与当地降水早晚和阴雨天气的持续时间密切相关。降水早且连阴天多，发病就早而重；在干旱年份发生轻或者不发生。

防治措施：①摘除残留的越冬老枣吊，清扫掩埋落地的枣吊、落叶、病果，并进行冬季深翻，减少侵染源。②增施农家肥，喷施叶面肥，追施冲施肥，增强树势，提高树体的抗病能力。③在枣果膨大期喷施1∶2∶200倍波尔多液或1 500～2 000倍的施特灵或1 000～1 500倍菌立停2～3次，则效果较好。

（三）枣树病虫害的综合防治

在枣树生长过程中的某一阶段，常常是多种病害、虫害同时发生，为了达到一次喷药防治多种病虫害的目的，本着防治一病一虫为主，兼治多种病虫害的原则，特列出下列枣树病虫害防治历，仅供参考。

1. 萌芽前5～7天（清园） 全树及地面喷施5波美度石硫合剂或康培2号2 000倍液，加康健200～300倍液（菌立停1 500～2 000倍液也行），加虫杀手600～800倍液（毒死蜱也行）；早春树干涂黏虫胶黏杀绿盲蝽象、红蜘蛛、食芽象甲等多种害虫。目的是为破坏病菌和害虫的越冬场所，消灭越冬的病菌和害虫及卵，减少病虫源，促进树体健壮，防治枝干病害及可能出现的黄叶等。

2. 发芽后至开花前 康培2号2 000倍液，加爱多收6 000倍液，加皂灵水乳剂1 200倍液，加菌立停3 000～4 000倍液。间隔7～10天，再喷1次康培2号2 000倍液，加皂灵水乳剂1 200倍液。目的是杀虫灭菌促花坐果。

3. 花期 天王百树1 500～2 000倍液，加爱多收6 000倍液，加康培2号3 000倍液，加宁南霉素600～800倍液（施特灵2 000倍液也行）。间隔7～10天，连用2次。树干涂黏虫胶黏杀蚂蚁、绿盲蝽象、枣步曲等上树害虫。目的是杀灭绿盲蝽象、金龟子、蚂蚁等食花害虫，保花保果。

4. 幼果期 喷施施特灵2 500倍液（康健1 000倍、宁南霉素 800 倍也可以),加石敢当 1 500～2 000 倍液,加阿维·杀铃脲3 000～4 000 倍液,加瑞恩钙 2 000 倍液,加康培 2 号 3 000倍液。目的是膨果补钙、杀菌、治虫。

5. 生长期 多病宁 3 000～4 000 倍液(保尔丰 1 500 倍液亦可),加皂灵 1 500 倍液(或天王百树 1 500～2 000 倍液或腚虫脒 3 000～4 000 倍液),加瑞恩钙 2 000 倍液,加康培 2 号 2 000 倍液,加爱多收 6 000 倍液。目的是防治褐斑病、炭疽病、红蜘蛛、绿盲蝽象、食心虫等,膨果防落防裂防日灼。

6. 7～8 月份 铜制剂(噻菌铜)600～800 倍液,加好乐士1 500～2 000 倍液(或虫杀手 800～1 000 倍液),加爱多收 6 000倍液,加氨基酸、二氢钾 300～500 倍液(或田润一号 500 倍液)。目的是防治绿盲蝽象、食心虫、红蜘蛛及枣锈病、褐斑病、炭疽病等,补养、膨果、增色。

7. 采收前 喷敌力脱 5 000～6 000 倍液(或多病宁 2 000～3 000 倍液或菌立停 2 000～3 000 倍液),加好乐士 1 500～2 000 倍液(或皂灵 1 200 倍),加康培 2 号 2 500 倍液,加瑞恩钙 2 000 倍液。目的是防治褐斑病、炭疽病、裂果病、食心虫等,膨果增色,提高果肉硬度。

(四)枣树用药五字经

(Ⅰ)

十年经验好，　教训也不少。
枣树搞管理，　打药最重要。
浇水和施肥，　位排三四条。
如果不打药，　叶被虫吃掉。
光是开了花，　就是不结枣。

花被虫咬光，　问题难明了。
打药讲科学，　关键在于巧。
药和时间对，　问题全明了。
石硫合剂好，　清园它重要。
灭菌杀虫卵，　用时要趁早。
最好在年前，　叶落时间到。
芽前一次药，　剂量要提高。
枣芽一露头，　这次很重要。
选用毒死蜱，　保准很顶真。
连续用两次，　有虫全死掉。
间隔五六天，　长了就不妙。
只要打均匀，　虫卵一起扫。

(Ⅱ)

枣树花开多，　用药不能错。
一旦不注意，　花儿全打落。
丰收变绝产，　一年白忙活。
配比少或多，　算好再操作。
剧毒有机磷，　千万莫用着。
菊酯类农药，　用着就不错。
花期首选药，　天王百树多。
功夫灭扫利，　也可轮流着。
其他杀虫剂，　着重看效果。
有些新牌药，　最好先试验。
虫害变药害，　教训细琢磨。
消灭虫害时，　杀菌也记着。
预防带杀菌，　大生很不错。

时间花蕾显，　开花到成果。
连续四五遍，　十天一忙活。
叶果都能好，　信我没有错。
七月初时节，　骄阳红似火。
如果有湿度，　病菌大发作。
快打施特灵，　或者波尔多。
进入摘枣期，　八九月莫拖。
继续灭虫菌，　千万得记着。
要是一松劲，　保准得招祸。

(Ⅲ)

枣树各种虫，　大多出地下。
要想治住它，　就得讲方法。
干涂黏虫胶，　效果十分佳。
盲蝽红蜘蛛，　蚂蚁食芽甲。
害虫逃不掉，　一黏一疙瘩。
用药封地面，　理想又方便。
使用乐斯本，　害虫被封杀。
地撒辛硫磷，　虫吃命丢啦。
封地在雨后，　洒药在树下。
浇地滴农药，　此法也不错。
操作要仔细，　莫当儿戏耍。
最终看效果，　这是大实话。

(Ⅳ)

枣树抗干旱，　还很耐瘠薄。
务必灭虫菌，　保叶好养果。

扳芽拉树枝，　打顶随时做。
少用肥和水，　照样能收获。
自家试验田，　实践经验多。
十年一次肥，　二水没浇过。
打药八九次，　效果很不错。
你若有怀疑，　可以多摸索。
比较搞试验，　成功照着做。

九、枣树四季派活单

(一)休眠期(枣树落叶后至萌芽前)的管理

1. 秋施基肥　基肥是枣树萌芽、开花、结实等各生长发育期的基本肥料，一般在果实采收后施入较好。此时地温较高，肥料施入土壤中有充足的时间腐熟、分解，特别是晚秋根系活动尚未停止，腐熟分解的肥料有利于根系吸收，并制造大量有机物贮藏在体内，为翌年枣树萌芽和新梢生长打下基础。基肥一般以圈肥等长效性有机肥为主，施时加入一些速效性肥料，增强树体对养分的积累。同时注意保护好根系，尽量少伤细根和直径 0.5 厘米以上的粗根。

2. 浇好封冻水　基肥施完后全园应浇 1 次透水。不仅可提高其抗寒性，利于安全越冬，更重要的是可使根系与有机肥料充分密接，既有利于肥料的分解，还增强根系的吸收能力。

3. 整形修剪　盛果期的枣树往往枝条密、通风透光性差，内膛空虚，结果部位外移，枝条紊乱，因此修剪的主要任务是疏除徒长枝、细弱枝、交叉枝、重叠枝、病虫枝，回缩衰老下垂枝,从而达到调整树势、改善光照,达到提高产量和质量的目的。幼树修剪则以整形、扩冠促早丰为主,衰老树则以更新修剪为主。

4. 刮树皮涂白　枣树的部分害虫多在枣树粗皮裂缝中产卵或结茧越冬。初冬可用刮刀将树干上的粗皮、翘皮、裂缝和病斑刮净,以露出红色内皮、手感光滑为度。然后配制比例为水40份、生石灰10份、石硫合剂原液2份、食盐1～2份、黏土2份、油脂少许的涂白液涂白树干。此法可阻止害虫产卵为害,消灭越冬虫卵,减少害虫入侵,增强树体御寒能力。

5. 清扫枯枝落叶　许多病害如枣锈病、炭疽病和某些害虫如绿盲蝽象、枣刺蛾等都在树下枯枝落叶或杂草中越冬。因此,应及时将枣园中的落叶、僵果和杂草等清扫干净,收集起来深埋或带出枣园烧毁,以减少越冬病虫源。

6. 刷除龟蜡介　枣树龟蜡介是枣树主要害虫之一。此虫以受精雌成虫在一二年生枝条上越冬。冬季结合修剪可逐枝刷除,以减轻夏季防治难度。

7. 喷农药　在枣树落叶后和发芽前各喷1次3～5波美度石硫合剂,防治越冬病菌和虫卵。

(二)4月份

1. 病虫防治　绿盲蝽象、枣瘿蚊、食芽象甲等是为害枣树最早的害虫,近年来,为害程度越来越重,常造成枣园大面积减产或绝产,广大枣农叫苦连天,凡受过虫害的枣树迟迟不得发芽,或叶片呈筛子底状,或枣吊上无花蕾。4月上中旬枣树芽眼刚刚萌动期,就应立即行动起来进行药物防治。可用康培2号2000倍液(补养),加康健200～300倍液(杀菌),加毒死蜱(杀虫)防治。当枣芽1厘米左右时,再喷1次农药进行防治。药剂为康培2号2000倍液，加菌立停1500～2000倍液，加虫杀手600～800倍液。芽眼萌动时结合树上喷药、树干涂黏虫胶黏杀各种害虫。4月下旬枣树逐渐展叶时，一些地下害虫如金龟子等又会相继出来为害枣叶枣花，因此需地面用药来防治。常用3%辛硫磷颗粒剂拌细土，均匀撒在树盘内，轻耧地表，可大量杀死地下害虫，持效期长达40～50天。

2. 及时除萌 对于无利用价值的萌芽要及时除去，以集中养分、减少消耗。

3. 科学摘心 对于盛果期的大树或不需继续扩冠的树或枝，要采用“全树封闭”式的管法，即对所有的萌芽全部进行摘心。摘心越早越好，摘心要重，只留基部2～3个枣吊。

4. 枣疯病防治 发现枣疯病株要及时处理，锯枝或挖掘并烧毁。

(三)5月份

5月份是枣树开花坐果期，也是枣树保花保果的核心时期、关键时期。具体工作如下。

1. 花前浇水 枣树花期需要适宜的温度和湿度，花期如遇干旱天气常造成授粉不良或焦花现象。所以花前一定要浇1次透水，提高空气湿度，促进花粉发芽受精。结合浇水，再追1次冲施肥。浇水不便的枣园可在下午5时后进行叶面喷水。

2. 叶面喷肥、药、激素 花前喷1次康培2号2000倍液，加皂灵水乳剂1200倍液，加菌立停4000倍液。防治绿盲蝽象、枣瘿蚊、黄叶病等，促花坐果。花期喷施天王百树1500～2000倍液，加爱多收6000倍液，加宁南霉素600～800倍液。间隔5～7天再喷1次。杀灭绿盲蝽象、金龟子等食花害虫，保花保果。以上几次喷药中的杀菌剂，也可用大生M-45代替。

3. 树干涂黏虫胶 黏杀蚂蚁、枣步曲等上树害虫。

4. 初花期环剥、环割冬枣树 环剥的时期、方法、注意事项前文已讲，此处不再赘述。需提醒的是，一定要在剥口下留一辅养枝，它能及时地给根部输送养分，以防树体早衰。

5. 花期放蜂 通过放蜂，改善授粉条件，提高坐果率

6. 继续抹芽(除萌)、摘心、拉枝 通过此项工作，进一步调整树形。

(四)6月份

6月份气温较高，枣树相继进入终花期、幼果期及生理落果期，各种害虫、病菌又孕育繁殖，并危害花蕾、枣果。因此，6月份的管理仍然十分重要，千万马虎不得。

1. 病虫害的防治及树体补养 此期至少应喷2次药：第一次，喷施特灵2 500倍液，加石敢当1 500～2 000倍液，加阿维·杀铃脲3 000～4 000倍液，加瑞恩钙2 000倍液，加康培2号3 000倍液。膨果、补钙、杀菌、治虫。第二次，喷施保尔丰1 500倍液，加皂灵1 500倍液，加瑞恩钙2 000倍液，加康培2号2 000倍液，加爱多收6 000倍液。防治褐斑病、炭疽病、绿盲蝽象、食心虫，并可起到膨果作用。同时要注意做好防落果、防裂果、防日灼工作。

2. 人工疏果 枣果坐住后对一些结果过量的株或枝要及时进行疏果。脱落性枣吊留1～2个枣，木质化枣吊可适当多留。采取此法后生理落果大大减少，所留枣果膨大快、品质高。尤其是冬枣，这道疏果工序非常必要。

3. 继续抹芽、摘心 进一步搞好树体修剪。

4. 拉枝 对角度不合理的延长枝当枝条长至一定长度(5～7个二次枝)时，摘去顶心，并拉至缺枝方位，角度尽量呈80°左右，缓和其生长势(顶端优势)，将营养生长转化为生殖生长，促进开花坐果。

(五)7月份

进入7月份也就进入了高温天气，此期的工作要做到以下几点。

1. 浇水 水利条件好的园地，此时应进行灌溉，以利于提高空气的湿度和降低温度，供给树体因蒸腾作用缺失的水分。浇后要浅锄，破除板结，有利于保湿保墒。浇水不方便的地块早晨和傍晚可对叶面进行喷水，喷时注意加上瑞恩钙及氨基酸液肥补充养分。

2. 喷药 7月上旬喷1次倍量式波尔多液，预防枣锈病。7月中旬喷功夫水乳剂2 000倍液，加施特灵2 500倍液、敌力脱6 000倍液、硕丰481，防治枣瘿蚊、绿盲蝽象、食心虫、枣锈病、斑点落叶病、缩果病等，并膨大果实。7月下旬喷保尔丰1 500倍液、虫杀手800～1 000倍液、爱多收6 000倍液、磷酸二氢钾300倍液。防治绿盲蝽象、食心虫、叶锈病、炭疽病等，补养膨果增色。

3. 继续疏果 6月份没有完成的本月继续进行此项工作，含糊不得。

4. 继续夏剪 枣头摘心或疏除，直立枝条继续拉成接近水平状，控制营养生长。

(六)8月份

8月份枣果进入白熟期。此期工作要点如下。

1. 浇水、追肥　进入8月份后要定期浇水，不仅能加大枣果的含水量、促使枣果快速膨大，而且还能有效地防止和减轻裂果现象的发生。浇水时最好随水冲施含氮、磷、钾的速效肥及微肥，进一步提升枣果质量。

2. 喷药　此期高温高湿，是炭疽病、褐斑病的高发期，也是枣锈病的初发期。防治时，常用铜制剂（噻菌铜）600～800倍液，加皂灵1 500倍液，加爱多收6 000倍液或硕丰481，加田润1号（磷酸钾铵）500倍液来进行防治，同时还补充养分膨大果实、光洁果面。间隔10天，再喷1次施特灵2 500倍液，加虫杀手800～1000倍液，加硕丰481，加瑞恩钙200倍液，防治病虫害，补充养分，防止裂果效果更好。

3. 病果处理　及时摘除患有炭疽病、褐斑病、缩果病等的枣果，收集到一起深埋或烧毁。若有“桃小”落果，也及时捡拾，同其他病果一起处理。

4. 松耕、除草　浇水后及时松耕，清除行间或树盘内的恶性杂草。

（七）采收前

9～10月份，梨枣、冬枣先后进入采收期。在采收前，重点还是各种病虫害的防治（保叶保果），再喷施1次多病宁2 000～3 000倍液，加皂灵1 200倍液，加康培2号2 500倍液，加瑞恩钙2 000倍液，防治各种病虫及裂果，进一步膨果、增质。

进入采收期，应按枣果的不同用途适时采收，严格按照规格标准采摘。采摘时尽量轻拿轻放，最好带柄采摘，有利于延长货架期或贮藏期，提高其经济效益。

(八)采收后

采收完成后及时清除地面上的僵果、落果，剪除病虫枝，尤其是被蝉叮死的结果枝，集中到一起烧毁。如果有枣疯病的病株，连根刨出，也一起烧毁。

落叶前(最好在刚采收完)，用0.4%尿素和磷酸二氢钾混合液进行叶面喷肥，以补充采果后的养分不足，延缓叶片衰老，避免早期落叶，提高后期叶片的光合效能，增加树体营养积累，为下年度开花结果打好基础。另外，有条件的可抓紧施入农家肥。

十、枣树管理中常见的误区及解决办法

(一)浇水施肥问题大，不讲科学效益瞎

1. 浇水 浇水的误区主要表现在以下几个方面。

(1)浇水越多越好 枣树在年降水量400～600毫米的地区表现最好，若属于旱地区，适当多浇些水对枣树的生长、坐果等非常有利。但若降水较多，且降水与枣树的生长需求规律相吻合，那么过多浇水，不仅会造成水资源及资金、人工的极大浪费，增加成本，而且会使枣的营养生长与生殖生长失衡，造成大量生理落果，使产量减少，效益降低。

对策：应把浇水与枣树生产需水时间结合起来，重点放在开花前、果实膨大期和采果后。期间若遇有效降水，可不再浇灌，并非浇水越多越好。

(2)萌芽前需大水浇 很多枣树管理书都强调了要重视萌芽水，并说此期浇水有利于萌芽、枣头及枣吊的生长、花芽

分化和提高开花质量。但经过笔者多年来的观察、对比，只要采果后结合施基肥再浇水的园地，翌年开春完全没必要再浇催芽水。相反，春季浇水越多，表现越差。因为枣树萌芽、抽枝、开花生长所需的营养，都是上一年树体贮存的，并非是早春浇水施肥而来的。浇水后由于地温低，枣树发芽迟，树体生长慢，树叶发黄，坐枣迟或不坐枣。

对策：发芽前不浇水，但必须重视上年采果后的浇水（结合秋施基肥）。这样可增加树体的营养积累，促树抗冻、早发芽、早生长、早坐果。

（3）越旱越需浇水　不旱不浇，这是很多人对枣园管理的概念。在极度干旱时浇水，由于旱时叶片蒸腾作用比枣果大，很多水分从枣果中转移到叶片中，部分枣果发生萎蔫。极度干旱时的突然大量浇水，使地上部与地下部的根部生理失衡（极度干旱往往伴随着多日高温，浇水后往往造成根系与枝、叶、果之间的温度失衡、含水失衡）。物极必反从而促使枣果的大量脱落。

对策：多收看天气预报。按枣树需水时间进行浇水，把水浇在初旱期。若长期极度干旱必须浇水时，应先小水浇 1 次，待树体适应后再定期浇，可有效克服人为的落果。总之，生长期要让土壤、树体含水量基本保持一致，不能极度干旱也不能大水漫灌。

（4）花期不敢浇水　枣树花期对水分相当敏感，因为此期正处于各器官迅速生长期，对水分、养分争夺激烈，况且花粉的萌发也需要一定的湿度，若此期干旱，落花落果现象严重。但此期土壤含水量又不能过大（大于 80％时，落花落果现象也严重）。这就要求此期，既不能干旱、要有一定的湿度，也不能含水量过大。掌握了这些原则，我们就清楚了：若花前、花期下过有效的雨则可以不浇，若花前、花期严重干旱则必须浇水。但花期的浇水量不应过大，小水浇1次即可。这个量是不好掌握的。最简单的方法是：5月上旬(花前)浇1次透水，一般即可满足枣树的坐果之需。花期不敢浇水的枣农，是怕浇水后营养生长旺盛，顶落花蕾。了解了以上原理，我们就不会"因噎废食"了。

2. 施肥 施肥的误区主要表现在以下几个方面。

(1)不施肥 枣树人称铁杆庄稼，意思是耐瘠薄、抗干旱，但不等于说不需要施肥。枣树发芽迟、落叶早、生长季节各物侯期相互重叠(枝叶生长、花芽分化、开花坐果、幼果发育都在同一时期进行)，营养消耗多，养分竞争激烈，若不及时补充，就会造成营养元素的缺乏，使树体不能正常生长发育、开花结果。因而，枣树的秋施基肥和生长各期的追肥就显得非常必要。

(2)春季将全年肥料一次投入(一顿吃个饱) 有些枣农在开春将全年肥料一次性全投入，认为枣树在春季开始发芽，正是需要肥料的时候，此时施入正合适。其实，这种想法做法是错误的。因为枣树发芽、抽枝所需要的养分都来自上年的贮藏营养。开春地温低，根系活动弱，对肥料的吸收能力很差，一次性投入就导致肥料的大量流失，造成一定的经济损失。另外，开春施肥，又会损伤不少枣树根系，由于地温低，损伤根系暂时难以恢复，养分难以吸收。根系又受到破坏，必然导致萌芽后树体变弱、生长缓慢。再次，枣树在各个生长阶段对肥料的需求又不一样。前期以氮为主，磷、钾次之；中后期以磷钾为主，氮次之。一次性地投入全年肥料，不能满足各生长期树体对不同类肥料的需求，当然，枣树就不会丰产稳产，结出优质果实了。正确的方法是：采果后及时施入基肥，生长季节追好花前肥、膨果肥、枣果增质肥(具体方法参照前文"科学施肥”部分)。

(3)只施化肥和喷叶面肥　大量化肥的使用,确实给枣农朋友带来了一定的实惠。但随之出现的是土壤板结、透气性差,pH 值增高,果实口感差、着色不良。品质严重下降,梨枣、冬枣失去其特有的风味。叶面肥只能暂时解决营养不足问题,它效果明显,但肥量有限,只是一种辅助性措施,不能代替土壤施肥。正确的做法是:每年秋季施入大量腐熟的牛、羊、鸡等农家肥,加入适量的化肥或生物菌肥;生长季多次追肥或叶面喷肥,为生产绿色无公害果品打好基础。

(二)病虫防治瞎琢磨,得不偿失教训多

1. 重虫不重病,重治不重防　多数枣农在病虫害防治方面是“不见兔子不撒鹰”,即不见害虫不施药。常造成虫害猖獗,喷药轻不顶事,喷药重又伤及果面,处处被动,枣芽、花蕾、枣果受其为害,使得坐果差、落果重,效益当然上不去。还有些人防治时只杀虫不杀菌,缩果病、炭疽病泛滥成灾,若碰上枣锈病发生重的年份,那可就惨了。因而在施药上,虫害、病害都要重视。尤其在病害的防治上,要以防为主,防治结合。总的原则是雨前选用保护性的杀菌剂(如大生 M-45 等),雨后选择治疗和铲除性杀菌剂(如施特灵、菌立停、噻菌铜等)。上述药剂在使用时,要根据上年的病害发生情况和当年枣树的具体情况,有针对性地选药并交替使用。

2. 只重视生长期的防治,而忽视休眠期的防治　生长期病虫害的防治多数人都能做到主动、积极,且井井有条。但休眠期的杀菌治虫,却不是每个人都能做到的。其实,清园工作做得好,可有效杀死越冬的病菌和害虫,减少病虫源,大大减轻生长季节的病虫防治力度(具体防治参照前文“萌芽前的病

虫害防治”及“休眠期枣树的管理”的有关部分)。

清园时只要做到以下 3 点,就可将生长期的病虫害减少到最低程度。①“狠”。休眠期枣树停止生长,无叶无果,喷药时一般不会损伤果树,因而用药要狠,浓度要大,渗透性要强.清园药剂中可加入剧毒农药和渗透剂以增强杀虫和杀卵效果。②“准”。指用药时机要准。清园一般选择在 3 月中旬左右,此时气温缓慢回升,越冬害虫开始活动,绿盲蝽象卵也开始膨大,是防治的最佳时期。防治时机以在枣树发芽前 10～15 天为宜。③“细”。是指喷药时要仔细、周到。树上大小枝条都要喷到,不留死角,特别是主干处的粗皮裂缝处要重喷;同时对地面、树盘处也要进行封杀。只要做到以上 3 点,并在发芽前连喷 2 次,可以减轻全年病虫害程度,使生长期的病虫害防治工作量大大减小。因此,休眠期的清园工作不是可有可无的,而是一定要做,一定要“狠”、“准”、“细”地做好。

3. 花期不敢用药或乱用药　枣树花量大、花期长,从初花期到末花期有 1 个月左右的时间。这段时间是多种害虫的大量发生期,如绿盲蝽象、枣瘿蚊、食芽象甲、金龟子、食心虫等都会相继为害叶片、花蕾和幼果,因而也是防虫治虫的关键时期。但多数枣农眼看着大量叶片、枣花被虫侵害,也不敢打药防治,造成枣园严重减产,甚至绝收。究其原因,是害怕用药不当烧掉枣花(以前有人用有机磷农药花期喷施造成了药害,教训深刻)。其实,花期用药十分必要,既可将食花害虫(绿盲蝽象等)杀死,又可提高花期湿度,有利于花粉萌发,提高坐果率。关键是所选药剂必须对花、果安全,对害虫高效,持效期要较长。《山西农民报》(果业专刊)红枣课题组,经多方对比、试验所筛选出的天王百树——5.7%氟氯氰菊酯杀虫剂,效果很好。喷施时,连同爱多收、康培 2 号、施特灵等混用，不仅杀虫，而且杀菌、补养、保花保果，请大家放心使用。

（三）枣园清耕制，劳民伤财不可取

枣园清耕后土壤裸露于外，蒸发量大，容易板结，土壤养分流失严重，保肥、保水能力差。尤其是7～8月份的高温天气，阳光直接暴晒地面，温度剧升，枣树接近地面的结果枝在上晒下烤的高温下发生萎蔫，落果严重。因此，枣园必须实行生草制，既节省劳力，降低了枣农的劳动强度，还节省开支（减少翻耕、锄草的开支及少施肥、少浇水的投入）。更重要的是，为枣树的增产、增收提供了有利条件。枣园生草的优点及生草方法详见前文“土壤管理中”的“枣园生草”。

（四）只重冬剪不重夏，满树枝桠坐果差

冬剪是基础，可平衡树势。主要通过疏除密生大枝及徒长枝、回缩细弱枝、过高的树体落头开心等方式调整树体结构，引光入膛，集中营养，促进生长和结果。但夏剪亦不可忽视，夏剪可促进坐果、结好果。主要通过抹芽、摘心、拉枝开甲等方式，减少无益的养分消耗，调节营养流向，改善光照条件，提高坐果率，促进果实发育，提高产量和质量。在管理上，冬剪夏剪很好配合，互相补充。要突出夏剪，以便生产高质枣果。

（五）枣果采后大撒手，翌年病多树体弱

枣果采收后消耗了大量养分的树体极度衰弱，应及时补充养分，以利恢复树势。主要做法是及时施基肥、浇水、喷施叶面肥和杀菌，保护好叶片，尽可能多地制造积累养分。另外，还要清扫枯枝落叶及捡拾病果等，以减少病虫源，为翌年的丰产丰收奠定基础。

(六)各种激素齐上阵,保花保果枉费心

爱多收、赤霉素、硕丰 481、金云大 120 等各种激素,有促进枣树花粉萌发和刺激子房膨大的作用,并且能够刺激未授粉的枣花结实,从而提高坐果率。正确的方法应是初花期喷 1 次,间隔 5～6 天或 7～10 天再喷 1 次,效果更好。有些枣农在喷施时把能提高枣树坐果率的药统统加上,殊不知,一些促花促果的激素药,其有效成分基本一致,这样,无形中加大了激素的含量,它在提高坐果率的同时又促进了营养生长,使得枣吊、果柄伸长,果实畸形,直接造成中后期的严重落果。因而,使用激素药时,一定要严格按照说明书要求的用法、用量,否则会事与愿违,既多花了药钱,又得不到理想的收成。

(七)枝条老化不更新,落果严重产量低

大家都知道,枣果结在枣吊上,而枣吊又着生在枣股上。枣股的强壮与否,直接决定着枣树的产量和质量。实践证明,二至五年生枣股结实力最强(梨枣一至三年生,冬枣三至八年生),八年生以上的枣股慢慢老化膨大,萌发枣吊能力衰弱,所结枣果个小质差,导致生理落果严重。因此枣树必须及时更新,这是延长丰产年限的主要手段。具体的更新方法可参照前文"衰老树更新复壮"部分,这里不再赘述。

十一、枣树几种主要灾害的预防

(一)枣树裂果

枣果成熟季节降水易发生裂果,它是枣生产中存在的严

重问题，常造成丰产不丰收，甚至绝产，直接制约着我国枣业的健康发展。

1. 引起枣裂果的原因 大致有以下2种。

(1)日灼引起的早期裂果 这种类型裂果现象一般出现较早，多发生在8月中下旬，此期如果干旱，在当时高温和高蒸腾情况下，果实失去的水分得不到及时补充，就会引起果皮日烧(日灼)，常发生于向阳面，这种未能愈合的微小伤口，在枣果发育后期如遇降水，或夜间凝露的天气，长时间停留在果面上的雨露就会通过日灼伤口渗入果肉内，使果肉体积膨胀，当膨胀到一定程度时，果皮就会以日灼伤口为中心发生膨裂。虽然数量不多，但裂果的程度极其严重，甚至可裂到枣核。

(2)久旱骤雨引起的后期裂果 这类裂果多出现在枣果白熟期至着色期之间，在枣果生长发育后期遇到干旱天气，如果枣园浇灌不及时，无论是枣果果肉细胞和果皮细胞都会停止生长，再遇到降水，果肉细胞则迅速恢复生长，且速度极快，从而使果皮胀裂。降水引发裂果与雨水滞留果面的时间密切相关。短时间大雨，雨后即晴果面很快干燥，不会引起严重裂果；而长时间小雨或雨后果面凝露，会引起严重裂果。枣成熟期雨量分布不均也容易引起裂果。

2. 预防枣裂果的措施 ①选择抗裂品种或可避开雨季成熟的优良品种。如八八红或早脆王，在北方枣区可避开连绵秋雨，而在7月底、8月初即可采收。②加强土壤管理，增施有机肥，地面喷施免深耕等，提高土壤保水性能。③适时适量灌水。保持干旱季节有稳定的水分供应，使土壤水分处于充足而稳定状态。④枣园覆草、覆膜或生草，使整个园内的土壤、空气的温度、湿度均衡，避免日灼病的发生。⑤合理修剪，改善通风透光条件，有利于雨后果面迅速干燥，减少发病。⑥从幼果期开始喷钙，每半月1次。可选择瑞恩钙2 500倍液等。⑦果实白熟期后喷生长调节剂爱多收4 000倍液或万帅1号600倍液等。

(二)生理落果

枣树进入幼果期后会出现一次明显的自然落果现象，即生理落果，是正常现象，是自然规律，是枣树自身调节和对营养均衡分配的一种需要。但是若一串一串地落、整树整枝地落，那就不正常了。导致不正常大量落枣的原因，大致有以下几种。

1. 树体营养不足 枣树的枝叶生长与花芽分化、开花、结果同步进行，且花芽量大，花期长，营养生长和生殖生长相互竞争。如果营养赶不上，就会导致大量落花落果。有些枣农认为枣树是铁杆庄稼，不施肥、不浇水，使得落花落果更加严重。

2. 夏管不及时，摘心不到位 生长季节不重视管理，致使满树枣头枝重叠交叉，相互遮光不透风，直立旺盛的徒长枝消耗了树体大量的养分，既使已经坐住的枣果也因营养缺乏而掉落。另外，摘心迟或摘心时留桩过高，都会导致营养生长加剧，从而加重了大量落枣。

3. 枝龄老化不更新 枣结果枝组丰产期在2～5年间，超过5年的结果枝组慢慢老化，枣股膨大，萌发枣吊能力渐差，细弱无力，所坐枣果落果自然就严重。

4. 旱连阴的天气导致树体养分回流 6～7月份“旱连阴”(阴天无光照，无有效降水)的时间过长(超过10天)，树体缺乏有效的光照，叶片无法在光合作用下合成有机物质，根系的发育又会将树上部的养分拉回根部，形成养分回流，从而使枣果萎蔫脱落。树势越强越旺，生长发育所需养分越多，落果就越重。

5. 水分供应不均衡 枣树在生长发育季节，一般应浇好"三水"，即花前水、膨果水、采后水。但若在生长期遇长期干旱，也可增加浇水次数；雨量大的生长期里，也可减少浇水次数。所以说"三水"并不是固定不变的，可根据天气情况灵活掌握。总之，要使枣园里的土壤含水量相对保持均衡。有些枣农在长期高温干旱的情况下，给枣树大水浇灌，使树体受到暂时刺激引起生长发育紊乱，造成大量落果。针对高温干旱的情况，建议枣农先小水浇，给树体一个适应的过程，然后再浇透水。

6. 花期遇不良天气 在花期若遇低温、阴雨或高温、大风等的影响，常常引起授粉受精不良，导致大量的落花落果。

7. 病虫防治不力 在非正常的生理落枣中，除营养不足造成大量落枣外，受病虫危害也是大量落枣的一个原因。绿盲蝽象等害虫不仅啃食叶片，导致叶片功能衰竭，造成营养不足，还叮咬幼果，引起多种病害，加速了幼果的脱落。

8. 生长调节剂使用不当 花期生长调节剂用量过大或次数过多，常造成前期坐果量惊人，后期落果量吓人。

相应对策：①增施肥料、均衡供水，让枣树"吃"好"喝"好。通过秋施农家肥、生长季多追肥（平衡施肥、缺啥补啥，大中微量元素都顾及），地下施、树上喷、树干涂三结合等方式让树体"吃"好。通过花前水、膨果水、采后水等几水的浇灌，让树体"喝"好。一般施肥浇水相结合，才能发挥出肥、水的最大效能，才能使树体"吃好喝好"为枣果丰产优质打好基础。②重视夏季管理。通过及时除萌、摘心、拉枝等措施，使树体减少消耗，集中养分，改变极性，均衡坐枣，使营养生长及早转向生殖生长，多结果、结好果。③加强花期管理。花期管理是核心、是关键。通过花前浇水追肥、初花期开甲、花期放蜂和花期喷水、喷药、喷肥、喷生长调节剂等方法来提高枣树的坐果率。需注意调节剂类（赤霉素、爱多收等）的喷施时间、浓度、次数及间隔期，否则，也容易引起大量落花落果（具体内容见“花期管理”）。④衰老树及时更新复壮。⑤在生理落果前（花后 10～15 天）对树体及时环割，阻止养分回流根部，全部供枣果生长，以减轻落果。⑥时刻绷紧“病虫防治”这根弦。病虫害防治要重点抓住 2 个时期，一是萌芽前后，二是花期。要坚持“以防为主，防治结合”的方针，要将虫、菌都当回事，施药时防病治虫并重。具体的病虫害防治方法及选用药物可参考“枣树病虫害的防治”。⑦及时疏果，合理负载，这是减轻生理落果的有效方法

（三）枣果日灼病

发病时间一般在 6 月底至 7 月初的高温干旱天气里。症状为枣果的向阳面中部发黄、发白或发红，有不明显的横竖纹，就是枣农常说的“晒皮”。发病枣果大都分布在结果多、叶片少、直接暴露在阳光下的枝条上，常规管理下的木质化枣吊上发病的就较多。受害的枣果大部会相继脱落，或后期遇雨裂果。

预防措施：①合理修剪，平衡树势。据观察，那些树龄老化、枝条直立、内膛密闭、叶色发黑、枣吊偏多的枣园发病较重。这是因为枝条直立，顶端优势强，消耗的营养物质多，而内膛的枝叶由于密闭不见光，不仅不能制造营养物质，而且还要靠消耗别人的养分生存，这样所结的几个枣果就会因水分、养分不足而脱落或者遇到高温干旱天气水分供应不上而发生

日灼。所以在整形修剪时，一定要更新复壮，疏除“光吃饭不干活”的无效枝，拉枝开角，平衡树势，这是预防日灼病的有效途径之一。②喷钙。钙在枣树上的作用是巨大的。科学补钙不但可提高果皮硬度、厚度和韧性，防止裂果，光洁果面，延长货架期，耐运耐贮，而且对日灼病也有一定的预防效果。一般在幼果期至采前 10 天，连喷 3～4 次，间隔期 10～15 天。目前，世界上最先进的有机螯合钙——瑞恩钙，呈离子状态，能直接被枣果吸收利用，无疑是枣果的补钙佳品，喷施浓度 2 500～3 000 倍液。③生理落果初期浇水追肥。此期肥水充足，不仅可提高树体及果实的含水量，而且使果实得到充足的营养，有利于快速膨大，从而可有效地减轻日灼的发生。

（四）果实萎蔫

此类状况多发生在冬枣上，时间为 9 月中下旬。部分果实因缺养、缺水而出现萎蔫发软现象，严重者导致大量枣果提前脱落。其根本原因是树势衰弱。凡是有机质缺乏、环剥过重愈合不好、负载量大、光照恶化、不重视杀菌的枣园，这种情况就比较严重。在防治上应抓好 3 点：一是秋施基肥，勤浇水，摘心拉枝要到位，增强树势，提高其抗病能力。二是杀菌药要正确合理喷施，保护好叶片。杀菌药参考方案：万帅 1 号 500～600 倍液，加瑞恩钙 2 000～3 000 倍液，加菌立停 1 500 倍液。三是环剥时要看树势。适宜环剥的树可剥，不适宜环剥的（树势弱或树龄小）则不剥。剥后勤检查剥口，25 天左右没有愈合的就要采取措施促进愈合。需要强调的是，这类枣园若遇高温干旱的持续“旱连阴”天气，光照不足，有机营养将更加匮乏，因而更要及时防治。

十二、鲜食枣的贮藏与保鲜

鲜食枣果成熟期遇雨易裂和采收后不易贮藏是制约枣业发展的最大瓶颈。目前所采取的措施只能暂时有限地缓解矛盾,还不能从根本上解决问题。本书前文中已对裂枣的预防做了简单的介绍,下面谈谈鲜食枣的贮藏与保鲜。要做好鲜食枣的贮藏与保鲜,就要注意以下几个问题。

一是选择好品种。鲜食枣中成熟晚的品种较耐贮,如冬枣;反之,则不易贮藏,如梨枣、早脆王等中早熟品种。

二是适时采收。一般成熟度越低越耐贮藏。但采收过早,含糖量低、风味差、营养积累少,而呼吸代谢旺盛、消耗多,加之枣果表面保护组织发育不够健全,保水力差,易失水;采收过晚,果实活力低,抗外界不良条件能力差,不耐贮。因此,鲜食枣宜在刚露红期采收。

三是注意采果方法。人工手摘,轻摘轻放,避免碰伤,并注意保持果柄完好无损。

四是采前喷钙。钙不仅能改变枣果中水溶性、非水溶性果胶的比率,使大部分果胶成非水溶性,而且还能固着在原生质表面和细胞壁的交换点上,降低其渗透性,减弱呼吸,从而延长贮藏期。

五是搞好预冷。一般用喷水降温或浸水降温的方法进行预冷。目的是避免果实带入大量的田间热量,使呼吸减弱,而搞好预冷则有利于延长贮藏期。

六是装袋。将预冷后的枣果除去残次果及病虫果后分等级分别装入有孔塑料袋或保鲜膜袋中,既能减少水分蒸发,适当抑制呼吸,又能保低温,不致积累过多的二氧化碳。每袋装

2～4 千克枣果，袋口封好，按等级标准分层放置。

七是加强贮藏期间的管理。贮藏库温度控制在 0℃±1℃，袋内相对湿度稳定在 90%～95%，二氧化碳浓度在 5%以下，并经常抽样检查果实变化情况，必要时及时出库。

八是其他注意问题。枣果不宜长久贮藏，只是在暂时无客商的情况下的一个较短期存放。因为贮藏期一长，枣果中的养分（糖分、维生素等）损失很大，既无原品种所特有的口感，更缺失营养物质。因而劝枣农朋友，有合适的"手"就卖，东西变成钱才是收益，才有效益。另外，贮藏时，枣果尽可能单独存放，也就是说，枣果不宜和其他果类如苹果、梨、葡萄等同库贮藏，否则，很容易烂掉。

十三、鲜食枣的发展现状及根本出路

我国鲜食枣的种类繁多，但过去几千年来一直没有发展起来。主要是因为贮藏和运输条件的限制，只能零星栽植。自 20 世纪 80 年代中期以来，山西省临猗县山东庄人将临猗梨枣推向全国，并以其个大、早产、丰产、稳产、优质等特点赢得了枣农和市场的认可，此后临猗梨枣便风靡全国，各地都大力引种栽培。在梨枣风行之时，另一个鲜食枣极品——冬枣又粉墨登场。由于其无可比拟的品质及高昂的价格冬枣在 3～4 年后便迅速崛起，势头之猛、面积之大，与梨枣相比有过之而无不及。随后各种早、中熟鲜食品种又纷纷亮相，跃跃欲试。在这鲜食枣果"群雄"争霸的时代，究竟谁主沉浮呢？

（一）临猗梨枣——昔日辉煌不再现

庙上乡山东庄村自发展梨枣产业以来，全村很快走上了致富之路，诸多“三晋第一村”的荣誉接踵而来，可谓出尽了风头。但近年来由于种种原因，梨枣产业发展的发展之路越走越窄，由最初发展时的每千克10～20元下滑到现在的每千克0.6～0.7元，广大枣农苦不堪言。

1. 梨枣不再辉煌的原因

(1)品种单一，栽植面积过大　临猗梨枣自1992年开始栽培，到2002年光临猗县就发展了10 000公顷。由于其好管理、易坐果，且丰产稳产，每667平方米按1 000千克计算，10 000公顷就是1.5亿千克。有人曾计算过，1.5亿千克鲜枣用15吨的货车去拉，每天发100车，还得100天才能拉完。而梨枣从白熟期到全红期的时间大约只有50天。由于品种单一，成熟期过于集中，导致货多“卖难”，大家急于销售，相互压级压价，造成价格直线下滑。这还不算从山东庄引种到全国各地的梨枣面积及产量。

(2)提前采摘卖青枣　梨枣白熟期遇雨易裂果的特性，使许多枣农未等枣果成熟就采摘出售。还有部分客商为了早收购、抢市场，也把一些黑绿黑绿的没有一点口味的枣果拉倒市场上，这些咬一口都会仍掉的枣子消费者谁还愿意掏钱购买呢？其结果不仅会搞臭市场，还会给消费者产生一种错觉，那就是梨枣口感差不好吃，结果是消费者不购买，客商怕赔钱，还有谁敢经销临猗梨枣呢？要经销，收购价格就会一降再降，到头来，吃亏的还是枣农。

(3)加工“红梨枣”害惨枣农　临猗梨枣曾以色泽艳丽、个大味甜、清脆可口等特点，被称为百果之王，深受消费者的喜爱，市场销售量越来越大。与此同时，一些不法商贩受利益驱使，把正在膨大期的青枣用热水一汤，青枣很快就奇迹般地变成了红枣，因口感不好，他们就在水中放点糖精和白矾，增加

"红枣"甜度和亮度。如此"红枣",消费者吃后不是喉咙发痒,就是腹中疼痛。此事被电视台曝光后,各市场及工商部门都加大了查处打击力度,严禁加工后的红梨枣进入市场。这样,青枣无口感,红枣怕中毒,谁还会花钱买罪受呢?最终害惨的还是枣农啊!

(4)枣制品加工企业纷纷减产或停业　梨枣作为蜜枣加工的主要原料,每年都要消化掉1/2的产量。受糖价上涨的影响,若继续生产,就会亏损过大,导致很多蜜枣加工企业和加工户关门停产。另外,国家开始对加工企业和加工产业进行整顿,对不符合卫生要求和环保条件的除加大处罚外,还要求停业,直至各方面都达标,并办理好相关手续后方可开业,这也是加工企业无奈关门的一个原因。导致的最终结局是枣多客商少,价格就可想而知了。

2. 梨枣应走的正确之路　临猗梨枣的路到底应该怎样走?我们认为,至少应该做好以下几方面的工作:①加强科学管理,促进枣农增收。通过科学管理,全面提高产品的数量和质量,梨枣的产量上去了、质量提高了,即使价格略低,效益也是可以的。如山东庄的黄小民,多年来家种梨枣每667平方米产量都在2 500～3 000千克,按每千克1元计算,每667平方米收入也有2 500～3 000元。②大力发展梨枣深加工产品。梨枣是加工蜜枣枣汁的好原料,通过加工可大大提高产品的附加值。在搞好加工方面,政府应给予大力支持,并出台相应的优惠政策,鼓励枣加工企业发展,以缓解市场压力。③延迟采摘,树上保鲜,是梨枣发展的长久之计。梨枣之所以在全国畅销,在于它的品质——个大、色艳、味甜、质脆。同样,梨枣发展到现在的"烂市"、疲市",也在于它人为变差的品质——食之无味似木渣,甚至还带点苦涩味。最好的解决办法就是回归传统，使梨枣成熟、色味俱佳时再采摘出售。在这方面，要大力推广小冠疏散分层形及其配套技术，延迟采摘、树上保鲜、销售优质红梨枣才是根本出路。这样不仅解决了梨枣成熟期遇雨易裂果的问题，同时又避开了集中上市、相互竞争的局面。还能体现出梨枣真实风味，销路效益自然看好。④搞好临时贮藏，确保价格稳定。在梨枣成熟期枣农都急着卖枣，而事实上是不可能在同一个时间段内把枣都卖掉的。如采取临时贮藏的办法，待市高峰过后再出售，这样就可以相对保证枣价的稳定。⑤搞好市场管理，坚决制止不成熟梨枣提前上市。临猗梨枣成熟期在8月下旬，此时方可陆续采收出售。政府应加大管理力度，枣树协会应做好枣农的思想工作，不能再做砸自己品牌的事情了。

(二)冬枣——谨防重蹈临猗梨枣的覆辙

物以稀为贵。冬枣以卓越的品质、独特的口感、丰富的营养价值、奇高的价格，曾经热的炙手、红得发紫。随着冬枣热的步步升温，全国冬枣的栽植面积迅速扩大，现已远远超过了梨枣。随着面积的扩大、产量的增加，冬枣已非昔日的“金蛋蛋”，现已回落到应有的合理价位。可以预测，随着盛果期的到来，冬枣的价格还会下滑。因此，应慎重发展。

1. 冬枣在发展中存在的主要问题

(1)树体严重衰弱，枣果品质下降　冬枣树势较旺，坐果较难，通过花期环剥可有效解决这一矛盾。但部分枣农不看树龄大小、树势强弱，全部予以环剥，且连年环剥，致使衰弱树、死树随处可见，枣果品质也严重下降。表现在以下几个方面：①个头过小。8克以下的比例偏大，12克以上的占不到20%。要解决好这个问题，应从三方面入手：一是要抓好头茬枣。因为头茬花质量好、开得早，幼果生长期长，因此环剥就要掌握在初花期进行。同时，愈合时间应掌握在25～30天之间。过早，坐果不理想；过晚，树势衰弱难复壮。二是幼果期和膨大期肥水要充足。幼果期细胞分裂的多少直接关系到果个的大小，膨大期缺水则果实重量会受到影响，因此这两个时期很关键。三是要把疏果工作做好，单株负载量不能过大，否则，看着枣不少，但都长不大，价格上可就差一大截了。②色泽不佳。冬枣作为高档枣果，外观色泽也是一个非常重要的指标。要解决好冬枣着色问题，应从3个方面抓起：一是枝叶量不能过大过密，特别是后期对于无用或过多的枝条要进行疏除，必要时还要适当摘叶，确保光照充足。二是地表行间尽可能铺设反光膜，增加反射光。三是后期禁用氮肥，增施钾肥。③口味变差。主要原因：一是氮肥过多而农家肥和钾肥不足。二是激素用量过大。因此，要多施基肥和钾肥，提高土壤的有机质含量；使用激素时一定要严格按照说明书施用，不能随意提高浓度和加大次数。

(2)激素用量过大，树、果渐渐退化　枣树开花期适当使用1～2次赤霉素或爱多收，可有效提高枣树的坐果率；采前1个月，适量喷施萘乙酸，也可有效减轻落果，这都是可行的措施。但是如果不了解激素的类型及作用，滥用、多用就会出问题。激素在什么情况下才可能适当使用呢？必须在16种肥料（包括微量元素）足够的情况下才可使用，若缺少某种肥料而大量使用激素，必然会起到相反的作用。例如枣树的根系越来越退化，根毛越来越少，树就会越来越弱。喷多了油菜素内酯一类的激素，后期的枣几乎全部会开裂；喷多了赤霉素的枣树，枣会晚熟，枣果拉长，糖分减少，吃起来没有枣味。如果长期大量使用激素，人吃了还有致癌的可能性，今后的枣就没有人敢吃了。因而冬枣价格越来越低，除供大于求外，枣的品质变差也是一个重要原因。

(3)提前采收青卖，自己砸自己的牌子　梨枣青卖，3～5年便几乎将这一产业毁了。冬枣刚成气候，近年便出现了青卖现象。本来10月上中旬成熟的冬枣，8月中旬便有客商高价收购上市了。随后价格就会下跌，若遇上阴雨天，行情还要低，这就是红枣青买的代价。由于采摘过早，枣的含糖量少，风味淡，口感差，消费者不认可，客商只能赔钱卖，回来就压级压价。越是这样，枣农越是抢着卖，只怕还会往下跌价，一旦形成恶性循环，这个产业必定难以长久。临猗县泥坡村的王栓稳，任凭风浪起，稳坐钓鱼船，不管客商怎样求，他都不急不躁，等枣果在树上红了再卖，不仅仅是因为价格高，而是他深深懂得：红枣青卖，就是自己砸自己的牌子断自己的路。

2. 冬枣在今后应走的正确之路　冬枣作为口感极佳的鲜食晚熟枣种，目前罕有竞争者。但是在发展思路上则要牢牢绷紧“质量”这根弦，走科学管理之路：①强化土肥管理，大力推行覆草制或生草制，以提高土壤肥力，防止水土流失，保持自然生态模式。②推广配方施肥，坚持以有机肥为主，少用或不用化肥。③合理利用摘心、环剥等技术措施，提高坐果率，避免为追求产量而过量喷施赤霉素等激素。④综合采用地下防治、人工防治和生物防治技术，最大限度地减少病虫害的发生。⑤采取疏花疏果、科学补钙、防止裂果等措施，全面提高果实品质。⑥进一步提高采收、包装、运输、贮藏保鲜水平，从各个环节上保证冬枣的品质。只有这样，才能促进冬枣生产健康、快速、可持续地发展。

(三)早熟鲜食品种开始登上大雅之堂

目前栽植的枣鲜食品种中，90%以上都是中晚熟品种（梨枣、冬枣），中熟品种还在热卖中，晚熟品种又已上市，两者相互排挤，相互压价。而这两个品种往往又是在雨季来临之际成熟上市，枣农稍有怠慢，枣果就会遇上连阴雨烂在地里。枣农要吸取教训，因地制宜选品种，选优淘劣，避开枣果集中上市高峰期，减少中、晚熟品种面积，改接其他优良品种，做到人无我有，人有我优。山东庄枣农在这方面就走在了前面。他们摸透了枣树发展的趋势和近几年枣果销售市场的变化，先后引进了几个早熟优良品种，如“八八红”、“大白灵”、“早脆王”和抗雨裂品质好的“子弹头”等，将其改接在不适宜当地栽培的芒果冬枣树上，这样既减少了中晚熟品种的面积，又填补了市场空白，价格是梨枣价格的数倍。山东庄的经验告诉我们，只有因地制宜选品种，才能做到丰产丰收；只有围着市场转，才能满足消费者的需求，从而获得最大的收益。

十四、枣园常用部分无公害农药展示

(一)杀菌剂类

1. 康健 国内首次登记的新一代广谱速效杀菌剂，并加入细胞赋活剂，兼有促长作用。对细菌、真菌、病毒病特效，对腐烂病、轮纹病、干腐病等枝干病害及流胶、根腐病等亦有特效。用刀隔1厘米竖划病斑涂8～10倍液，3天后病斑干缩，20天愈合。生长期和采前用800～1 000倍液喷雾杀菌除锈保鲜。清园用600～800倍液。

2. 菌立停 高效广谱新型无公害杀菌剂。具有内吸、治疗、保护性作用。对各种细菌、真菌、藻类和病毒具有强力穿透杀灭功效，用后无残毒，最终分解为氨、水和二氧化碳。可用于浸种、叶喷、灌根等。迅速的防效并发挥出很好的病斑修复、果实保鲜、促长等机制。推荐浓度 3 000～4 000 倍液。与有机磷农药混用前先稀释成母液。

3. 多病宁 高效广谱，新型内吸、治疗、保护性无公害杀菌剂。对各种细菌、真菌、藻类和病毒具有强力穿透杀灭作用。药效较菌立停更为持久，无残毒。浸种、叶喷、灌根均可。迅速控制病势并发挥出很好的病斑修复、果实保鲜及促长机制。与有机磷农药混用前先稀释成母液。推荐浓度3 000～4 000 倍液。

4. 宁南霉素 属新型胞嘧啶核苷肽型生物抗生素类杀菌剂。具有预防、治疗菌病和补养增产三重作用，是国家农业部确定的 AA 级绿色食品生产资料。对各种果蔬的多种病害均能强烈抑制。尤其对套袋苹果黑点病、红点病、霉心病、花脸病等防效独特。同时含有作物所必须的 17 种氨基酸及多种维生素和微量元素，增产提质作用明显。推荐浓度 600～800 倍液。

5. 施特灵 新型无公害内吸保护性广谱杀菌促长剂。对真菌、细菌、病毒病高效。与腐殖酸类叶面肥混用效果更好，提质增产保鲜作用明显。主治果树多种病害及棉花黄枯萎病、蔬菜疫病等。预防浓度 2 500 倍液，治疗浓度 1 500 倍液。

6. 强盛 内吸治疗保护性三唑类杀菌剂。主治果树黑红点、白粉病、褐斑病等。治疗浓度 1 500 倍液，预防浓度 3 500 倍液。保护期长达 20 天左右，为套袋前后优良杀菌剂。

7. 好意 保护性广谱杀菌剂。主治果树褐斑病、霜霉病、黑星病等。生长期用药浓度 800～1 000 倍液。具有黏着好、雨后不需重喷及杀菌补锌等特点，是大生 M-45 的替代品。

8. 保尔丰 5%已唑醇悬剂，是新一代三唑内吸广谱杀菌剂。具有保护、治疗、铲除作用。对斑点落叶、白粉、黑星、桃褐腐病特效。推荐浓度 1 500～2 000 倍液。

9. 噻菌铜 新型无公害内吸性有机铜制剂。主治多种果、菜等真菌、细菌病害。治疗浓度 600 倍液，预防浓度 800 倍液。具有双重杀菌和持效期长等特点，防效长达 20～30 天。

(二)杀虫剂类

1. 毒丝本 广谱性杀虫剂。主治果树绵蚜、介壳虫、卷叶虫、天牛、绿盲蝽象及棉龄虫等。清园用药浓度 600～800 倍液，生长期用药浓度 2 000 倍液。具有渗透、触杀、熏蒸、胃毒四重功效，持效期更长。害虫着药后立即停止取食直至死亡，是枣树萌芽前后理想用药。

2. 虫杀手 有机氮类广谱高效低毒低残留低成本无公害杀虫杀螨剂。每 500 克粉剂相当于尿素 139 克，杀虫同时也等于喷了 1 次叶面肥。具有触杀、胃毒、内吸和一定熏蒸杀卵作用。易于根、叶吸收，药后 24 小时分布全株。对防治果树卷叶虫、潜叶蛾、食心虫等鳞翅目害虫和蚜虫、介壳虫、红蜘蛛等高效。是清园和套袋果优选杀虫剂。清园用药浓度 600～800 倍液，生长期用药浓度 1 000 倍液。

3. 皂灵 是以茶皂素为主的天然植物源杀虫杀螨剂。具有胃毒、触杀、拒食(气味独特)、抑制孵化等作用。黏附性强、药效持久。同时能调节生长、提质增产。对防治果蔬等经济作物介壳虫、红蜘蛛、绿盲蝽象、金龟子、潜叶蛾、食心虫、蚜虫等高效。为花露红期首选无公害杀虫杀螨剂。推荐浓度1 200～1 500 倍液。

4. 天王百树 又称百树菊酯。广谱性杀虫剂。具有触杀、胃毒作用。对防治鳞翅目、双翅目、半翅目、鞘翅目等各种害虫高效。持效期长达 14 天左右，且对作物花、幼果安全。主要防治绿盲蝽象、卷叶虫、食心虫等。推荐浓度 2 000 倍液。

5. 先安 20%悬浮剂(灭幼脲高级替代产品)，属无公害新型脲类生物杀虫剂。通过抑制昆虫几丁质合成、酶形成致其不能蜕皮而死亡。速效持效。对防治卷叶虫、金纹细蛾、食心虫、棉铃虫等鳞翅目、双翅目幼虫特效。推荐浓度8 000～10 000 倍液。

6. 绿晶 属高效低毒低残留的广谱性无公害植物源杀虫杀螨剂。是世界公认的优秀生物农药，具有拒食、忌避、内吸和抑制生长发育作用。对红蜘蛛、潜叶蛾、卷叶虫、蚜虫、食心虫等防效显著。花露红至花后 7～10 天用药效果最佳。推荐浓度 1 000～1 500 倍液。

7. 阿维杀铃脲 广谱性生物杀虫剂。主要防治卷叶虫、食心虫等。生长期用药浓度 3 500 倍液。高效长效。

8. 消敌龙 广谱性杀虫剂。主要防治果树绵蚜、介壳虫、卷叶虫、天牛、绿盲蝽象及棉龄虫等。清园用药浓度600～800 倍液，生长期用药浓度 2 000 倍液。具有渗透、触杀、熏蒸、胃毒四重功效，持效期更长。

9. 石敢当 内吸性广谱无公害杀虫剂、刺吸式口器害虫特效杀虫剂，兼杀鞘翅目、双翅目、鳞翅目等害虫。生长期用药浓度 1 500 倍液。

10. 千祥　广谱性杀虫剂。主要防治果树绵蚜、介壳虫、蚜虫、卷叶虫、绿盲蝽象及棉龄虫等。

11. 硕克　广谱性生物杀虫剂。主要防治红蜘蛛、卷叶虫、食心虫等。生长期用药浓度 8 000 倍液。高效长效。

12. 天王　新型强内吸性吡啶类杀虫剂。主要防治蚜虫等刺吸性害虫。生长期用药浓度 2 000～2 500 倍液。具有触杀、胃毒、渗透作用。

(三)营养液类

1. 康培 2 号　荷兰阿克苏·诺贝尔公司出品,世界顶级离子态有机中微量元素营养液。每个颗粒均含有 8 种作物所必需的矿质元素,其余成分为能被完全吸收利用的有机营养。与氨基酸类混用效果更好。发芽前喷施浓度 1 500 倍液,发芽后喷施浓度2 500 倍液。连喷 3～5 次增产达 30%～50%,叶大厚绿,果甜、面光、色艳,并高效防治小叶、黄叶等生理性病害。用时需先配成母液。

2. 瑞恩铁　离子态有机铁肥。适用于偏碱或偏酸性土壤缺铁性黄叶病的快速矫治,土施浓度 1 000 倍液;叶喷浓度 2 000 倍液。

3. 瑞恩钙　离子态有机钙。在偏碱或偏酸性水中稳定全吸收。适用于果、菜等作物。具有防裂、增重、除锈、增色、治病(生理性病害及黑红点)等特点。土施浓度 1 000 倍液,喷施浓度 2 500 倍液。

4. 瑞恩锌　离子态有机锌。在偏碱或偏酸性水中稳定全吸收。适用于果、菜等作物。具有快速解决缺锌性小叶病、增产提质功效。发芽前喷施浓度 1 500 倍液,土施浓度 1 000

倍液，生长期喷施浓度2 500倍液。

5. 欧曼硼锌钙 全营养钙肥。适用于果、菜等作物。叶喷浓度1 500倍液，冲施浓度1 000倍液。

6. 科特 腐殖酸类全营养叶面肥。适用于果、菜等作物。叶喷浓度1 000倍液，冲施浓度500倍液。

7. 田润一号 氮钾中微量元素全营养叶面肥。适用于果、菜等作物。叶喷浓度1 000倍液，冲施浓度500倍液。

（四）调节剂类

1. 爱多收 新型无公害高效植物生长调节剂。日本旭化学工业有限公司出品，纯度99.9%。高档产品百姓价位。适用于果、菜等各种作物。用量少见效快，与杀虫剂、杀菌剂、叶面肥等混用相互增效明显，具有促进生根发芽、防冻保花、促花保果、抗旱抗灼、早熟增产及均匀果个、光洁果面、化解药害等特点。果树发芽前、展叶期、生长期、花果期、膨大期喷施浓度600倍液。

2. 万帅1号 多功能细胞分裂素。适用于果、菜等各种作物。喷雾600～800倍液。具有促进花芽分化、防冻保花、增产增色、恢复树势等特点。

（五）除草剂类

1. 春多多 广谱内吸性灭生性萌后除草剂。对一年生、多年生针叶及阔叶杂草见青杀死。适用于果园、棉田等。施后半小时遇雨不需重喷，对植物根部及下茬作物无不良影响。

2. 免割草 灭生性萌后速效除草剂。见绿即杀，效果优于百草枯。适用于果园、棉田等。

3. 割地草 特异功效除草剂。对草籽及杂草均可有效杀灭，封闭地面长达3～6个月。使用时参照说明。

4. 星锄(百草枯) 本品是双吡啶盐类触杀型灭生性除草剂。具有活性高、杀草谱广、杀草速度快、效果好等特点，能杀死大部分禾本科及阔叶杂草，对杂草的绿色组织有很强的破坏作用。晴天药效快，喷施后2～3小时绿叶开始变色、枯死，不影响作物根部。喷施浓度为800～1 000倍液。

(六)其他种类

1. 封剪油 特效果树伤口保护剂。剪、锯口涂后愈合快、不裂口，简便实用。

2. 专用草籽 白三叶、三寸丁等。适用于科学生草果园种植。

3. 黏虫胶 广谱性害虫诱杀剂。野外持效期长达3个月左右。将胶涂在黄色板挂于果园可诱杀蚜虫、绿肓蝽象、食心虫、卷叶虫、飞虫蛾等，将胶涂在树干可有效阻杀上树害虫。

主要参考文献:《山西农民报 果业专刊》，总监:张铭强。《冬枣优质丰产栽培新技术》，武之新主编，金盾出版社，2002年9月。

第三章 前景篇

党的十七大高举中国特色社会主义伟大旗帜，对继续推进改革开放和社会主义现代化建设、实现全面建设小康社会的宏伟目标作出了全面部署。特别是2008年年初中共中央、国务院出台的《关于切实加强农业基础建设，进一步促进农业发展、农民增收的若干意见》(即2008年1号文件)，对当前开展的社会主义新农村建设提出了更高的标准和要求，绘制了更加美好的蓝图。这对广大农民来说，无疑是极大的关怀和鼓舞。对加快社会主义新农村建设步伐、促进现代农业的科学快速发展，起到了巨大的推动作用。

以梨枣为主导产业的山东庄人，经过十几年拼搏奋斗，已经过上了富裕的小康生活。山东庄村在社会主义新农村建设征程中也驶入日新月异的快车道。发展梨枣的15年，不仅给山东庄人带来的是经济上宽裕，更多的是思想大解放、观念大更新，创新意识大跨越。现在，山东庄人的眼光不再是老盯着那自己的一亩三分地，而是转向和全国经济发展形势乃至世界发展趋势紧密相连，和全球经济发展的接轨上。彻底挣脱了小富即安思想的束缚，迈出了更加坚实、更加豪迈的步伐，向更加宏伟的目标挺进、冲刺。

展望未来，豪情满怀。山东庄人在党的十七大方针政策指引下，在各级政府的大力支持和关怀下，在支村委一班人和全体村民的共同努力下，决心从以下几个方面予以突破，不断创新、又好又快发展，使山东庄人的生活更富裕、前景更美好。

一、发展红枣加工业，拉长红枣产业链

过去曾一度“粮食卖颗，棉花卖朵”，束缚住农民发展生产的手脚，是小农经济思想作怪的产物。同样，梨枣卖“个”也不例外。仅维持了几年光景，现已弊端突显，即出现卖难问题。又因残次枣无法处理而白白糟蹋，既浪费了资源且对环境造成污染，又削减了枣农收入。为此，山东庄人觉醒了，所有的枣农觉醒了：要使红枣产业做大做强，达到可持续发展，就必须发展加工业，拉长产业链。这样既增加枣农收入，又能使红枣提高高科技含量和附加值，还可保护环境，是一举三得的好事。他们的目标如下。

一是由支村委牵头，发动全社会力量参与，拟将原有的“枣树协会”改组成为农村经济合作组织——“涞水红枣产业股份有限公司”，建成集产、供、加、销一条龙的全程系列化为当地和周边枣农服务的规模经营型企业。

二是选贤任能、招商引项、筹资吸股、建立红枣深加工厂，搞枣脯、枣泥、枣汁、枣蜡、枣酒等产品的系列加工，严格标准、打出品牌，注册商标，让产品占领国内外市场。拉长红枣产业链，增加枣农收入。

三是利用先富一步的“山东庄”品牌优势，在电视台、报刊等新闻媒体上打广告招商，吸引有眼光的投资经营合作者，来当地办厂上项目，将设想变为现实。同时为客商创造优美、环保、舒适的创业环境，提供优惠、便捷的办厂条件，以此吸引客商。

二、筛选新、特、优品种，提高市场竞争力

原有的鲜食枣品种梨枣、冬枣、芒果冬枣均系晚熟品种，由于发展面积过大，产量过盛，加之部分枣农的急功近利思想作怪和一些不法商贩的作祟，连续几年采取卖青枣、制造假红枣，使上述枣果声誉一落千丈，出现卖枣难与枣贱伤农的局面。山东庄人面对这一残酷现实，着手筛选、更新鲜食枣品种，做到早、中、晚熟合理搭配，以满足市场各个时期、各阶层消费者的需求。目前，他们已引进和选育了部分特早熟和早、中、晚熟鲜食枣品种，逐步更新换头，很快就会有产品投放市场。笔者坚信，不久的将来，将会替代兴盛一时的梨枣和风靡全国的冬枣，成为宜枣地区的当家品种，颇受消费者欢迎。在前文的经验篇中，我们对八八红、枣脆王、疙瘩脆、不落酥等几个早中熟品种已作过简要介绍，这里不再赘述，现着重向读者推荐一个特早熟鲜食枣的稀有极优品种——金丝720。

金丝720是本书主人公、乡土红枣专家隋晓黑同志利用16年的时间，从金丝蜜枣系列品种中发现、培育的一个特早熟鲜食品种。它在产地——山西省运城盆地7月20日就带红晕，甜脆可食，8月16日可全部成熟净树，若采取设施栽培熟期将会更早，是迄今发现在运城地区成熟最早的鲜食枣品种。

金丝720树体较小，树势较弱，抗寒、抗旱、耐瘠薄，对水肥要求不严，常规管理，较梨枣、冬枣粗放，省工简便。适宜全国大部分宜枣区栽植。

金丝720每年新生枝条较少，不需采取环剥、环割措施就可结果。由于发枝量少，可减少剥芽、摘心工序，减轻枣农劳

动强度，省工省时效益高。

金丝720的结果能力和脆甜口感可与金丝枣系列品种媲美。平均单果重13克，最大枣果20克。是一个不可多得的、有广阔发展前景的优良鲜食枣特早熟品种，值得广大读者引种、试种、推广。

此外，还有两个新品种正在研发培育之中，暂不能公开亮相，有待成功后再介绍推广。

三、不断探索新技术，科学发展再创新

15年的梨枣产业生涯，磨砺出山东庄人的务枣真经，成年人人人懂技术，个个会嫁接、管理，户户都有科技当家人。说起务枣经都是一套一套的，干起枣园活更是行家里手。光考取中级以上农民技术职称的就有30多人。然而，钢刀不磨要生锈，人不学习要落后，尤其是在日新月异的当今高科技发展时代，更是如此，并显得尤为重要。聪明好学的山东庄人意识到这一点后于是他们如饥似渴地学习新技术、学习高科技。早在20世纪90年代初期，就先后成立"枣树协会"、"枣树研究所"，普及程控电话，使用上手机，与外界交流沟通。2002年开始，有十多家农户又购买电脑，上宽带入网，网上查资料，揽信息，开辟了全县农民使用电脑的先河。如今他们的心思还大着哩，正准备办5件大事。

一是在原有"枣树协会"的基础上，正筹备组建农村经济合作组织——"涞水红枣产业股份有限公司"，吸纳更多枣农和热心枣业的朋友参加，采取公司加农户加基地加市场的办法，股份制经营，把公司创办成集产、供、加、销一条龙，经营服务一体化的实业性集团，一起抱团闯市场。

二是采取聘请专家学者当顾问、科研院校作后盾、乡土能

人为骨干，示范枣园建基地，组成规模更大、团队更强的红枣科研机构，采用走出去取经、请进来传授、自主搞研发和引种、精筛选等形式，力争在3～5年内开发出几个鲜食、制干、加工型优良红枣新品种，提高务枣效益，真正意义上实现十七大提出的科技成果让人民群众共享。

三是在飞速发展的信息化时代，山东庄人也不甘落伍。现已有30多户农家用上电脑，在网上获取、交流科技信息、市场信息。据笔者调查得知，目前还有20多家准备购置安装电脑入网，联通外面世界。我们坚信，在不久的将来，山东庄人家家普及电脑已为期不远。

四是引进高科技项目，让枣乡更加富裕。山东庄虽然富了，但他们不满足现状，力求在1～2年内，招商引资办一个规模较大的红枣加工企业，生产枣脯、枣泥、枣汁、枣醋、枣酒等系列产品，力争年利超千万元，让山东庄人过上更加美满幸福的富裕型小康日子。欢迎四方各界有志之士、企业家、商贾加盟创业。

五是继续以专家、学者、科研院校为依托，修建更高标准、保鲜期更长的鲜枣保鲜仓贮库，引进高科技调温、调湿设备，使鲜食枣的保鲜期更长、效益更高。

四、加快新农村建设步伐，创建环保和谐美好家园

昔日贫穷落后的穷乡僻壤已经一去不复返，取而代之的已是碧野蓝天，红砖绿瓦，新建的小楼庭院，硬化的笔直柏油、水泥路面，路灯亮化如同白昼。村里村外处处人声鼎沸，鸟语花香。新农村建设初具雏形。然而，山东庄人将遵循新农村建设的20字方针继续努力，积极进行农村“三改”（改水、改灶、改厕），消灭“四堆”（粪堆、柴堆、草堆、土堆），净化环境，创

建文明，力争 2 年内把山东庄打造成一个真正环保、卫生、文明、富裕、和谐的新型社会主义新农村。届时，他们将是穿衣讲高档、吃饭讲营养、住房讲宽敞、出行讲排场、举止讲文明、务农讲科技、交往讲修养的新时代新型农民，将以崭新的精神风貌展示在世人面前。

贫而思富乃夙愿，富后忆贫是本色。山东庄人现在真富了，硬是以忠厚善良、勤劳朴实的创业精神，拼搏奋斗了十多年，把贫穷落后的逃荒村旧貌驱赶得无影无踪。然而，每当笔者与山东庄人交谈时，他们掷地有声的话语，总是那么自信执着，总能体现他们志在千里、一往无前的气概和本色。听他们是怎样说的：

家里再贫穷，贫而有志的古训不能丢。

日子再艰难，尊老爱幼的传统不能丢。

腰包再有钱，富而有德的人格不能丢。

生活再富裕，艰苦奋斗的精神不能丢。

知识再丰富，求知上进的学风不能丢。

社会再发展，乐于奉献的公德不能丢。

瞧！他们说得多么真诚、实在，他们一路走来的串串足迹，都是那么稳健、有力。笔者感言：“人生在奉献，事业无尽头。”正是山东庄人从贫困走向富裕的真正“奥秘”。我们坚信勤劳善良的山东庄人将会沿着自己开辟的路子一如既往地走下去，走出黄土地、走出国门、走向世界。山东庄的明天一定会更加美好！

编著者简况及联系方式

隋晓黑:男,一九四九年生,山西省临猗县庙上乡山东庄人。电话:0359—4360014,手机:13903597770,网址:suixiao-hei@163. com。

左双锁:男,一九六二年生,山西省临猗县北辛乡左家庄人。电话:0359——4224560,手机:13835874560。

周向民:男,一九五一年生,山西省临猗县闫家庄工贸区西陈翟人。电话:0359——4176334,手机:13753966755。